U0384334

国家自然科学基金面上项目（31771726）
国家自然科学青年科学基金项目（31201169）

Biological Mechanism of Efficient Phosphorus Utilization in Maize-Soybean Intercropping System in Hilly Area of Central Sichuan

川中丘陵区
玉米大豆复合种植系统磷高效利用生物学机制

宋 春 杨文钰 王 玉 徐 敏◎著

项目策划：蒋　玙　肖忠琴
责任编辑：肖忠琴
责任校对：蒋　玙
封面设计：墨创文化
责任印制：王　炜

图书在版编目（CIP）数据

川中丘陵区玉米大豆复合种植系统磷高效利用生物学机制 / 宋春等著．— 成都：四川大学出版社，2021.9
ISBN 978-7-5690-5044-8

Ⅰ．①川… Ⅱ．①宋… Ⅲ．①丘陵地－玉米－土壤磷素－研究②丘陵地－大豆－土壤磷素－研究 Ⅳ．①S513 ②S565.1

中国版本图书馆 CIP 数据核字（2021）第 197951 号

书名　川中丘陵区玉米大豆复合种植系统磷高效利用生物学机制
CHUANZHONG QIULINGQU YUMI DADOU FUHE ZHONGZHI XITONG LIN GAOXIAO LIYONG SHENGWUXUE JIZHI

著　者	宋　春　杨文钰　王　玉　徐　敏
出　版	四川大学出版社
地　址	成都市一环路南一段 24 号（610065）
发　行	四川大学出版社
书　号	ISBN 978-7-5690-5044-8
印前制作	成都完美科技有限责任公司
印　刷	成都金龙印务有限责任公司
成品尺寸	170mm×240mm
印　张	12.75
字　数	235 千字
版　次	2021 年 10 月第 1 版
印　次	2021 年 10 月第 1 次印刷
定　价	62.00 元

◆ 读者邮购本书，请与本社发行科联系。
电话：(028)85408408/(028)85401670/
(028)86408023　邮政编码：610065
◆ 本社图书如有印装质量问题，请寄回出版社调换。
◆ 网址：http://press.scu.edu.cn

四川大学出版社
微信公众号

前言

川中丘陵区位于四川省东部，西迄龙泉山脉，东止华蓥山，北起大巴山，南抵长江以南，面积约8.4万平方公里，是中国最典型的方山丘陵区。区内丘陵广布、溪沟纵横，土壤成土母质为中生代紫红色砂岩和泥岩，质地松脆，极易遭受侵蚀和风化，区内土壤流失严重。川中丘陵区是四川农业生产的主体，有农田、果园、林地、草地等多种土地利用方式。磷是农作物生长的主要限制因子，农业生产中通常向土壤施用大量磷肥以保证作物产量，但磷肥当季利用率较低，造成多年来土壤积累的磷素极易随地表径流和土壤侵蚀进入水体，加剧面源污染风险。

玉米—大豆套作在西南丘陵地区推广以来，面积达 1.15×10^6 公顷，取得了良好的经济效益，在农业生产中占据重要地位。本书论述总结了作者近十年基于国家自然科学基金面上项目“紫色丘陵区玉米—大豆套作系统根际解磷菌活化土壤难溶磷的生化机制”（31771726）和国家自然科学青年科学基金项目“套作模式下玉米和大豆根际土壤磷有效性研究”（31201169）、四川省教育厅重点项目“不同土地利用方式下紫色土磷素形态及有效性研究”（12ZA126）及四川省博士后基金资助下，围绕川中丘陵区玉米大豆复合种植系统磷素利用规律及其磷高效利用的生物学机制展开系列研究得出的研究成果。

全书共分为8章：第1章——川中丘陵区农业土地利用方式及紫色土磷有效性；第2章——川中丘陵区玉米—大豆套作系统物质流动及能值效益分析；第3章——玉米—大豆套作系统作物磷吸收及根际土磷形态有效性；第4章——减量施磷条件下玉米—大豆套作系统土壤磷素利用与磷流失研究；第5章——玉米和大豆根系交互作用下作物根系分泌物介导土壤磷素有效性研究；第6章——磷高效种植体系下大豆根际土壤微生物多样性分析；第7章——玉

米—大豆复合种植模式下大豆根际溶磷细菌的筛选及促生能力研究；第8章——玉米大豆复合种植系统中菌根细菌和植物—植物相互作用促进玉米磷吸收。

研究结果表明，玉米—大豆间套作可利用作物种间交互作用提高土壤磷素利用率，配合优化的种植及施肥管理方式，利用菌根真菌等微生物资源可大大减少磷肥施用量，发挥豆科和禾本科作物间套作节磷的潜力与优势，进而从源头上降低面源污染风险，助力可持续农业发展。

本书在农田生态系统养分资源高效利用理论研究上和可持续农业生产实践上可供国内外农业类、生物类及环境科学领域学者及广大科技工作者参考。

著　者

2021年7月于四川成都

目　录

第1章 川中丘陵区农业土地利用方式及紫色土磷有效性

川中丘陵区是中国最典型的方山丘陵区，又称盆中丘陵。西迄龙泉山脉，东止华蓥山，北起大巴山，南抵长江以南，面积约8.4万平方公里。由于区内丘陵广布、溪沟纵横，加之该区土壤的成土母质为中生代紫红色砂岩和泥岩，质地松脆，极易遭受侵蚀和风化，区内土壤流失严重。川中丘陵区是四川农业的主体区域，包括农田、果园、林地、草地等多种土地利用方式。磷是农作物生长的主要限制因子，因此农业生产向土壤中施用大量磷肥以保证作物产量，但磷肥的当季利用率较低，会造成多年来土壤积累的磷素极易随地表径流和土壤侵蚀进入水体，加剧面源污染。

本章主要介绍了课题组前期基于川中丘陵区几种典型农业用地土壤磷素的有效性及磷吸附—解吸特征的研究结果，以期为揭示不同土地利用方式下土壤磷生物有效性变化特征，优化不同土地利用方式下磷素管理措施提供理论依据。

1.1 研究区概况

四川和重庆是我国紫色土分布最多且最集中的地区，占全国紫色土面积的51.3%。其中四川省紫色土面积为911.33万公顷，占土地总面积的18.4%；耕种紫色土面积为406.09万公顷，占紫色土总面积的44.6%，占全省耕地面积的36.4%。本书以紫色土分布最广的四川中部缓丘地区的紫色土及用紫色土长期种植水稻演变成的水稻土为研究对象。研究区域属于亚热带季风气候，积温达4000℃～6000℃，无霜期为230～340天，全年日照时间达1000～

1400 h，年降水量达 1000～1200 mm。研究区域土地利用方式较多，其中耕地、林地、果园、草地分别占该区域土地总面积的 27.01%、41.39%、3.89%、1.78%。

本书以位于四川中部的仁寿县为例，选取境内典型土地利用方式采集土壤样品。仁寿县隶属于四川省眉山市，为成都、眉山、资阳、内江、自贡、乐山 6 市交界处，总面积为 2716.86 km^2。仁寿县地貌以丘陵为主，境内地势西北高东部低，海拔在 350～988 m，气候为亚热带季风性湿润气候，年均温度 17.3 ℃，年降雨量 1009.4 mm（主要集中在 5—9 月份），日照时数 1196.6 h，无霜期 310 天。根据仁寿县统计年鉴数据，农用地占全县土地总面积的 82.4%，主要耕地为农用地，占农用地面积的 46.0%，主要种植水稻、玉米、油菜等作物，少部分用于种植蔬菜、药材、苗木等；园地面积占农用地的 9.21%，主要种植枇杷，枇杷是整个县城的特色水果，为农户主要经济来源之一；林地面积占农用地的 22.5%。由于农村人力资源的转移，还有部分耕地未利用。土壤类型包括水稻土和紫色土。仁寿县地势受到龙泉山余脉二峨山斜贯西北部的影响，将县域划分为东、西两大部，西侧为低山平坝地区，东南侧是典型丘陵地区。东南区是土地利用方式较丰富的区域，该区域植被覆盖少，加上气候特点，易发生水土流失。因此，本书以二峨山脉东南侧丘陵区为主要研究区域，探究土地利用方式对土壤磷生物有效性的影响及对土壤磷固持作用的影响。

1.2　样品采集与测定

选取当地 6 种典型的土地利用方式（玉米地、油菜地、水稻田、枇杷园地、柏树林地和撂荒地），每种利用方式分 3 个样区采集（表 1.1），每个样区采样点≥3。本书的研究课题组于 2014 年 5 月 14 日进行土样采集，此时玉米处于拔节期，油菜刚收获，水稻田处于露干晒田状态，枇杷处于果熟期。在野外采用 GPS 记录采样点经纬度，选取具有代表性的地块，避开施肥、田埂等特殊区域，运用“S”形布点法，采集 0～20 cm 的土层，混匀，挑出植物残体与石块，用四分法进行缩分至 1 kg 左右，带回实验室风干，磨细，分别过 2 mm 与 0.2 mm 筛，装袋备用。

表 1.1　供试土壤各采集样区经纬度及地形概况

采样地点	土地利用方式	经纬度	坡度	海拔(km)	样点数(个)
踏水村	玉米地	104°12′03″E，30°04′10″N	34°	396	3
响簧村	玉米地	104°10′48″E，30°06′44″N	5°	423	4
火花村	玉米地	104°14′04″E，30°12′52″N	3°	479	3
响簧村	油菜地	104°10′50″E，30°06′43″N	0°	425	3
打谷村	油菜地	104°11′34″E，30°07′48″N	0°	414	3
花碑村	油菜地	104°11′24″E，30°10′17″N	0°	421	3
打谷村	水稻田	104°11′02″E，30°12′55″N	0°	481	3
火花村	水稻田	104°12′01″E，30°10′54″N	0°	480	3
火花村	水稻田	104°17′01″E，30°19′15″N	0°	480	4
打谷村	枇杷园地	104°12′38″E，30°07′33″N	18°	418	3
高桥村	枇杷园地	104°10′39″E，30°08′41″N	6°	420	5
花碑村	枇杷园地	104°11′01″E，30°10′09″N	2°	421	3
土门村	柏树林地	104°11′06″E，30°17′16″N	49°	577	3
土门村	柏树林地	104°12′06″E，30°16′15″N	65°	583	3
土门村	柏树林地	104°14′07″E，30°18′16″N	67°	586	3
踏水村	撂荒地	104°12′58″E，30°04′12″N	5°	406	4
土门村	撂荒地	104°11′02″E，30°17′17″N	0°	549	3
踏水村	撂荒地	104°08′09″E，30°06′16″N	0°	616	3

注：玉米处于拔节期，油菜刚收获，水稻田处于露干晒田状态，枇杷处于果熟期。

土壤常规理化性质参照《土壤农业化学分析方法》，其中 pH 用电位法测定，水土比为 5∶1；有机质用 $K_2Cr_2O_7-H_2SO_4$ 外加热法测定；水溶性磷加无磷活性炭并用水浸提 30 min，水土比 20∶1，钼锑抗比色分光光度法测定；速效磷用 0.5 mol/L 的 $NaHCO_3$ 浸提，钼锑抗比色分光光度法测定；全磷用 $HClO_4-H_2SO_4$ 溶解，钼锑抗比色分光光度法测定；$CaCO_3$ 用中和滴定法；土壤有效铁、有效锰、有效铜、有效锌采用 DTPA－ICP 测定。硼、有效镁用 Mehlich 3 法测定，土壤无机磷分级采用张守敬和 Jackson 的方法测定。

每个土壤样品称取 6 份 2.00 g 过 2 mm 筛的土样，分别放置于 6 个 50 mL 的塑料离心管中，分别加入含磷量为 0、10、20、40、60、150 mg/L 的 0.01 mol/L $CaCl_2$ 溶液 20 mL（pH＝7，用 KH_2PO_4 配制），加入 3 滴甲苯，将塑料管加塞后置于 25℃下恒温震荡 24 h，振速 180 r/min，平衡后离心 10 min（4000 r/min），取上清液测定磷浓度，计算土壤吸磷量。用 Langmuir 方程拟合土壤磷吸附曲线，计算相关吸附参数。

Langmuir 等温吸附模型为

$$C/Q=C/Q_m+1/(KQ_m)$$

式中，C（μmol/L）为平衡溶液中磷的浓度；Q（mg/100 g）为土壤吸磷量；K 为与吸附能力有关的常数；Q_m 为土壤最大吸磷量。并计算磷吸持指数 PSI，即 $PSI=X/\ln c$，其中 X（mg/100g）为土液比为 1∶10 条件下，每 1 g 土加 1.5 mg 磷时，平衡后测得的土壤吸磷量；c（μmol/L）为在此条件下平衡液中的磷浓度。易解吸磷 RDP（mg/kg）是加磷量为 0 时土壤中的磷进入溶液中的磷。最大缓冲容量 MBC（mg/kg）表征土壤的吸磷特征 $MBC=KQ_m$，该值越大，说明土壤储存磷的能力越强。若土壤的 Q_m 高，而 MBC 低，土壤结合能力低，磷易流失；当 Q_m 高，且 MBC 也较高时，土壤对磷的固持能力才较强。

本书运用 SPSS 20.0 软件进行方差分析及相关性分析，多重比较采用 LSD 法。

1.3 结果与分析

1.3.1 不同土地利用方式下土壤有效磷及中微量有效养分含量差异

供试土壤 pH、有机质、水溶性磷、速效磷及全磷含量见表 1.2。由表 1.2 可以看出，该区域土壤呈中性，属中性偏碱性紫色土区。土地利用对土壤有机质有显著的作用，不同土地利用方式下土壤有机质含量表现为水稻田＞柏树林地＞油菜地＞枇杷园地＞玉米地＞撂荒地。水稻田由于长期处于淹水状态，微生物活性减弱，大量有机质积累。柏树林地由于长期枯枝落叶累积，加之人为扰动少，在成土过程中叶子在原地长期积累腐烂，使得土壤有机质大量积累。水稻田水溶性磷含量显著低于其他土地利用方式，柏树林地次之；而枇杷园地由于多年的施肥处理，土壤水溶性磷含量高于其他土地利用方式。水稻田速效磷、全磷含量也表现出最低，枇杷园地含量最高，这是因为枇杷作为当地的特色水果，给经济增长带来了巨大的推动作用，通过走访得知对枇杷的肥料投入只增不减，而长期的施肥管理却没有得到更好的收益，长期施用磷肥，反而降低了磷肥利用率；速效磷含量则表现为枇杷园地＞玉米地＞柏树林地＞油菜地＞撂荒地＞水稻田；旱耕地中，玉米地全磷含量高于油菜地，可能是因为油菜为需磷量较大的作物，带走了土壤中大量的磷。水稻田在整个研究区表现为“磷库”，而旱耕地表现为“磷源”，在土地配置方面，可在旱耕地下游设置水稻田，以截获枇杷园地、旱耕地流失的磷素。

表 1.2 供试土壤 pH、有机质、水溶性磷、速效磷及全磷含量

土地利用方式	pH	有机质（mg·kg^{-1}）	水溶性磷（mg·kg^{-1}）	速效磷（mg·kg^{-1}）	全磷（g·kg^{-1}）	速效磷/全磷（%）	水溶性磷/全磷（%）
玉米地	7.46±0.14	15.65±9.81bc	5.93±1.51ab	11.44±2.79b	0.72±0.13ab	1.59	0.82
油菜地	7.30±0.39	16.79±8.44bc	6.62±2.36ab	10.58±3.13b	0.51±0.09bc	2.07	1.30
水稻田	7.36±0.41	29.58±2.86a	2.40±0.34c	8.16±0.71c	0.34±0.01c	2.40	0.71
枇杷园地	7.66±0.07	16.12±5.40bc	8.23±1.26a	20.71±5.14a	0.98±0.32a	2.11	0.84
柏树林地	7.55±0.06	23.89±0.97ab	4.32±0.87b	11.27±3.02b	0.55±0.23bc	2.05	0.79
撂荒地	7.48±0.14	13.42±0.63c	6.03±0.40ab	8.42±0.85c	0.78±0.13ab	1.08	0.77

注：±后面的数据是平均值的标准偏差。同一列中不同字母表示不同处理间在 $P<0.05$ 水平上差异显著。

速效磷是作物可直接吸收的磷素，而土壤中速效磷主要来源于无机磷的转化，水溶性磷是速效磷的一部分，速效磷是经化学试剂浸提出的部分磷，包括水溶态和非专性吸附的磷，也可称为有效磷。不同样点土壤全磷含量不同，因此，描述土壤磷素有效性不能简单地通过比较水溶性磷、速效磷的含量来判断，通常用它们的相对含量进行比较。通常用土壤磷素活化系数（Phosphorus Activation Coefficient，*PAC*，为速效磷与全磷比值）来衡量土壤全磷的有效性：$PAC>2$，表明土壤全磷容易转化为速效磷；$PAC<2$，表明全磷各形态很难转化为速效磷。水稻田的 *PAC* 大于 2，且高于其他土地利用方式，说明水稻田土壤全磷容易转化为速效磷。可见，随着种植年限的增加，水稻田土壤全磷会逐渐减少，因此，注重合理增施磷肥及合理的农田配置是十分重要的。水稻田水溶性磷与全磷、速效磷的比值低于其他土地利用方式，这与土壤含有丰富的有机质是密切相关的。有机质是有机磷的载体，较高的有机质含量使水稻田有机磷含量也较高。一般认为，土壤有机质含量越高，土壤速效磷含量越低，有机质通过包被磷素降低速效磷含量；但也有研究结果是相反的，如贾兴

永等利用通径分析研究土壤有效性与土壤性质的关系，结果表明有机碳通过CEC对速效磷的含量具有正效应。速效磷/全磷、水溶性磷/全磷的值，撂荒地均低于其他土地利用方式，而水溶性磷/速效磷的值则高于其他土地利用方式。旱耕地中，玉米地与油菜地的各项土壤指标表现出一定的差异性，这表明不同作物也是影响土壤养分的重要原因之一。与玉米地相比，油菜地土壤的水溶性磷、速效磷的值和全磷差异不显著，而油菜地的速效磷/全磷、水溶性磷/全磷、水溶性磷/速效磷的值均高于玉米地，这表明油菜具有较高的活化土壤磷素的能力。

土壤中的微量元素是植物所需营养物质的重要组成部分，影响作物生长发育，同时也是主要的污染物之一，含量过高会给生态环境及人类健康带来威胁。不同土地利用方式下土壤碳酸钙及有效镁、铁、锰、铜、锌、硼含量见表1.3。由表1.3可以看出，淹水条件下土壤有效Fe、Mn、Cu、Zn、Mg、B均显著高于其他土地利用方式，碳酸钙的含量显著低于其他土地利用方式，由此可见，土地利用方式对土壤中微量金属元素的影响主要在于土壤的氧化还原环境不同。李淑仪等研究表明，土壤中铁元素会吸附磷形成沉淀，进而影响土壤磷的有效性。本书研究也可以看出，水稻田较低的水溶性磷与速效磷含量（水溶性磷2.40 mg·kg^{-1}，速效磷8.16 mg·kg^{-1}）充分证明了这一点，而Fe—P是水稻田磷源重要的存在形式之一。长期的“旱重水轻”使得水稻田全磷含量相对较低，水稻易受磷胁迫，重施水稻田磷肥显得十分必要。可见，研究区域内的水稻田磷源流失的风险并不大。武婕等研究认为，土地利用方式对有效Fe、Cu具有较大影响，对有效Mn、Zn、B影响不显著。而王淑英、赵彦峰等研究表明，土地利用方式对有效Zn、Cu影响较大，对有效Fe、Mn影响较小，这可能与研究区域的气候相关。

表1.3　不同土地利用方式下土壤碳酸钙及有效镁、铁、锰、铜、锌、硼含量

土地利用方式	碳酸钙（g·kg^{-1}）	有效镁（mg·kg^{-1}）	有效铁（mg·kg^{-1}）	有效锰（mg·kg^{-1}）	有效铜（mg·kg^{-1}）	有效锌（mg·kg^{-1}）	有效硼（mg·kg^{-1}）
玉米地	1.11±0.040a	23.4±15.1bc	7.73±3.86b	6.94±0.86b	0.52±0.15bc	0.44±0.044de	0.10±0.013c
油菜地	1.14±0.068a	34.8±8.61a	12.2±1.00b	7.25±0.63b	0.73±0.041b	0.30±0.017e	0.14±0.014b
水稻田	0.56±0.032c	37.1±3.70a	67.5±4.74a	29.5±1.93a	1.35±0.031a	1.06±0.11a	0.19±0.013bc

续表

土地利用方式	碳酸钙 ($g \cdot kg^{-1}$)	有效镁 ($mg \cdot kg^{-1}$)	有效铁 ($mg \cdot kg^{-1}$)	有效锰 ($mg \cdot kg^{-1}$)	有效铜 ($mg \cdot kg^{-1}$)	有效锌 ($mg \cdot kg^{-1}$)	有效硼 ($mg \cdot kg^{-1}$)
枇杷园地	1.05±0.068ab	28.5±5.44ab	4.90±0.60b	9.41±0.87b	0.50±0.11bc	0.89±0.13ab	0.12±0.012bc
柏树林地	0.88±0.010b	11.8±0.53d	4.74±0.086b	8.69±0.24b	0.18±0.060d	0.69±0.050bc	0.18±0.0094a
撂荒地	1.01±0.091ab	14.9±2.28cd	5.98±1.05b	7.95±0.047b	0.44±0.031c	0.55±0.042cd	0.10±0.0074c

注：±后面的数据是平均值的标准偏差。同一列中不同字母表示不同处理间在 $P<0.05$ 水平上差异显著。

1.3.2　不同土地利用方式下土壤无机磷组分差异

根据张守敬和Jackson的无机磷分级方法，得到供试土壤无机磷的形态含量。不同土地利用方式下土壤无机磷组分含量及占全磷的比例见表1.4。由表1.4可以看出，土壤中的绝大部分磷是以无机磷形式存在的，占总磷的56.95%～99.11%，且不同地点的样品差异较大。Ca－P是研究区土壤无机磷主要的存在形式，其含量的顺序为玉米地>撂荒地>柏树林地>枇杷园地>油菜地>水稻田，与高兆平等研究结果一致。对于旱耕地而言，玉米地与油菜地土壤最大的区别在于Ca－P，这可能是由于油菜根系能分泌有机酸，降低了土壤pH，更有利于活化吸收土壤中的钙磷。因此，不同作物也是影响土壤磷形态的主要因子之一。水稻田在淹水状态，Eh（氧化还原电位）为负值，形成大量低价态的Fe、Mn，因此其Fe－P含量（占全磷含量的16.61%）显著高于其他土地利用方式，而水稻田中有效Mn含量也显著高于其他土地利用方式（Mn=29.5 $mg \cdot kg^{-1}$）；Ca－P含量显著低于其他土地利用方式，这是因为水稻田大量的Fe离子与Ca离子竞争吸附磷酸根离子。枇杷作为当地的特色产业，十年来为了增加收益，投入了不少的化肥，大量的施用肥料给土壤带来了大量的磷源。枇杷园地土壤水溶性磷、速效磷、全磷均高于其他土地利用方式，其中Ca－P占到了全磷的55.8%，同时有机磷也是有效磷的重要来源，由表1.4可以计算出，枇杷园地有机磷占全磷20.7%，仅次于水稻田。柏树林地无机磷大部分是以Ca－P形式存在的，这可能也与柏树林地相对较高的pH有关；撂荒地因其外在的影响因素较少，无机形态的磷主要是

Ca—P、O—P 占较大比重。与旱耕地相比，水稻田有机磷含量显著高于旱耕地，可见旱耕地和水稻田不同的土地利用方式对有机磷含量有显著的影响。同时，淹水环境下对 Ca、Fe 的含量也有重要的影响，由表 1.4 可知淹水环境能显著降低土壤 Ca 含量，增加土壤 Fe 含量，从而影响磷素形态。与旱耕地相比，淹水环境下 Fe—P、Ca—P、有机磷差异显著，这与二者活化土壤磷的机制有关。

表 1.4　不同土地利用方式下土壤无机磷组分含量及占全磷的比例

土地利用方式	Al—P		Fe—P		O—P		Ca—P	
	含量 ($mg \cdot kg^{-1}$)	比例 (%)	含量 ($mg \cdot kg^{-1}$)	比例 (%)	含量 ($mg \cdot kg^{-1}$)	比例 (%)	含量 ($mg \cdot kg^{-1}$)	比例 (%)
玉米地	14.4±0.56ab	1.99	2.34±0.56c	0.32	150±24.4ab	20.7	550±2.60a	76.1
油菜地	8.05±1.45b	1.57	28.6±13.6b	5.60	123±26.0abc	24.1	283±54.3b	55.4
水稻田	9.01±0.92ab	2.64	56.6±3.07a	16.61	74.4±4.60c	21.8	54.3±2.57c	15.9
枇杷园地	16.5±4.28a	2.46	19.2±6.32bc	2.86	122±12.3abc	18.2	374±139ab	55.8
柏树林地	10.5±1.62ab	1.92	4.03±1.69c	0.74	96.3±8.23bc	17.7	428±22.1ab	78.4
撂荒地	11.4±3.16ab	1.47	3.01±1.25c	0.39	179±36.6a	23.1	515±10.2a	66.4

注：±后面的数据是平均值的标准偏差。同一列中不同字母表示不同处理间在 $P<0.05$ 水平上差异显著。

1.3.3　不同土地利用方式下土壤磷吸附参数

根据 Langmuir 方程可计算出一系列指标（表 1.5），可以看出土地利用方式对磷吸附参数有显著的影响。最大吸磷量 Q_m 是土壤磷库容量的一种标志，只有当磷库达到一定容量时，土壤才有可能向作物提供生长所需的养分。玉米地、水稻田、枇杷园地的 Q_m 值显著高于其他三种土地利用方式，其次是柏树林地和撂荒地，油菜地最低。这表明玉米地、水稻田、枇杷园地能够为作物提供生长所需磷素；而油菜地在第二年种植很可能会表现出缺磷现象，这可能与施肥及作物养分需求密切相关。吸附常数 K 在一定程度上反映了土壤吸附磷的能级，油菜地吸附常数 K 值显著高于其他土地利用方式，其次是水稻田，这可能与其较低的磷总量及丰富的有机质有关，使得二者对磷的吸附能力较强。易解吸磷 RDP 值表征磷由固相进入液相的能力，由表 1.5 可以看出油菜地 RDP 值显著高于其他土地利用方式，其次是枇杷园地与撂荒地，最低的是水稻田，这可能与油菜地、枇杷园地及撂荒地具有较高的水溶性磷（油菜地、枇杷园地、撂荒地水溶性磷分别为 6.62 mg·kg^{-1}，8.23 mg·kg^{-1}，6.03 mg·kg^{-1}）密切相关。磷吸持指数 *PSI* 表征土壤颗粒对磷的吸持能力，水稻田 *PSI* 值显著高于其他土地利用方式，枇杷园地则最低，这表明枇杷园地的磷最易流失，水稻田则相反。最大缓冲容量 *MBC*，水稻田最高，其次是旱耕地（玉米地、油菜地），枇杷园地、柏树林地与撂荒地最低，这表明水稻田的磷流失风险最小，这与高兆平等研究一致。

表 1.5　不同土地利用方式下土壤磷吸附的 Langmuir 方程及吸附参数

土地利用方式	Langmuir 方程	相关系数 R^2	Q_m (mg·kg^{-1})	K	RDP (mg·kg^{-1})	PSI	MBC (mg·kg^{-1})
玉米地	$C/Q=0.0043C+0.0262$	0.966	234±24.64a	0.163±0.00bc	0.1400±0.018c	19.8±0.28bc	38.2±3.53b
油菜地	$C/Q=0.0070C+0.0202$	0.958	143±25.18c	0.347±0.01a	0.6190±0.280a	20.7±0.45b	49.9±3.70ab
水稻田	$C/Q=0.0042C+0.0177$	0.959	237±17.09a	0.239±0.01b	0.0507±0.034c	22.0±0.22a	56.6±1.60a
枇杷园地	$C/Q=0.0042C+0.0371$	0.953	238±29.74a	0.113±0.02c	0.4010±0.100b	19.7±0.22c	27.0±11.30b
柏树林地	$C/Q=0.0057C+0.0452$	0.877	174±25.16b	0.127±0.01c	0.1420±0.019c	19.8±0.17bc	22.1±11.30c
撂荒地	$C/Q=0.0061C+0.0350$	0.968	165±5.38b	0.173±0.01bc	0.3340±0.052b	19.9±0.19bc	28.6±4.46b

注：±后面的数据是平均值的标准偏差。同一列中不同字母表示不同处理间在 $P<0.05$ 水平上差异显著。

综上所述，水稻田的磷流失风险较低（水稻田磷吸附能力参数：Q_m＝237 mg·kg^{-1}，*RDP*＝0.0507 mg·kg^{-1}，*MBC*＝56.6 mg·kg^{-1}）；枇杷园地大量的磷源为作物提供了必要的磷营养，同时也导致了较高的磷流失风险（枇杷园地磷吸附能力参数：Q_m＝238 mg·kg^{-1}，*MBC*＝27.0 mg·kg^{-1}）；与玉米地相比，油菜地的 Q_m 值显著低于玉米地，这表明油菜地为作物提供磷源的能力较低，而油菜地的磷流失风险也低于玉米地；对于人工干扰较少的柏树林地与撂荒地，二者磷素含量介于旱耕地与枇杷园地之间，但二者仍具有较高的磷素流失风险，这可能与柏树林地较高的 pH、坡度及撂荒地较少的覆盖物有关。

1.3.4 不同土地利用方式下土壤无机磷组分与土壤理化性质及吸附参数的相关关系

对供试土壤的各种形态磷与土壤理化性质及吸附参数做相关性分析，结果见表 1.6。有机质与 Fe—P、Ca—P 的相关系数分别为 0.433、−0.578，达显著或极显著水平，由此可见，有机质能在降低 Ca—P 的同时促进 Fe—P 的形成。王彦等研究表明，淹水条件下，有机质能结合活化的 Fe，形成有机—无机复合体，增加土壤对磷的吸附能力，而腐殖酸等能降低土壤 Ca 的含量，从而降低 Ca 对磷的结合作用。Fe—P 与有效 Fe、Mn、Cu、Zn、Mg 存在显著或极显著正相关关系，与 $CaCO_3$ 呈显著负相关关系；Ca—P 与有效 Fe、Mn、Cu、Zn、Mg 存在显著或极显著负相关关系，与 $CaCO_3$ 呈极显著正相关关系；有效 B 与 Fe—P、Ca—P 无显著相关。这表明，中微量元素的变化（B 除外）对 Fe—P、Ca—P 两种形态磷素有重要影响，且对 Fe—P、Ca—P 的影响呈现相反的趋势。O—P 与 $CaCO_3$ 呈极显著正相关关系，全磷与 Fe 表现出显著负相关。

表 1.6 土壤无机磷组分与土壤理化指标、微量元素含量及吸附参数的相关性

	Al—P	Fe—P	O—P	Ca—P
pH	0.217	−0.259	0.318	0.35
有机质	0.017	0.433*	−0.258	−0.578**
碳酸钙	0.103	−0.488*	0.529**	0.653**
有效铁	−0.228	0.716**	−0.364	−0.743**
有效锰	−0.122	0.678**	−0.375	−0.745**
有效铜	−0.226	0.725**	−0.157	−0.66**
有效锌	0.295	0.419*	−0.17	−0.504*
有效硼	−0.092	−0.185	−0.057	−0.029
有效镁	−0.132	0.544**	−0.084	−0.565**
Q_m	0.358	0.162	0.058	−0.173
K	−0.31	0.096	−0.158	−0.061
RDP	0.18	−0.027	−0.032	−0.171
PSI	−0.309	0.463*	−0.267	−0.532**
MBC	−0.255	0.616**	−0.269	−0.617**

注：* 表示相关性达显著（$P<0.05$），** 表示相关性达极显著（$P<0.01$）。

1.4 本章小结

水稻田土壤全磷容易转化为速效磷，耕作方式上可采用水旱轮作的方式来提高紫色土磷素有效性。六种土地利用方式下，磷流失风险表现为：水稻田＜油菜地＜玉米地＜撂荒地＜枇杷园地＜柏树林地。建议减少枇杷园地的磷肥施用量以减小土壤磷素流失风险。淹水条件下，土壤有效 Fe、Mn、Cu、Zn、Mg 含量均显著高于其他土地利用方式，钙的含量显著低于其他土地利用方式，由此可见，土地利用对土壤中微量金属元素的影响主要在于土壤的氧化还原环境不同。有效 Fe、Mn、Cu、Zn、Mg 与 Fe—P 呈显著或极显著正相关关系，与 Ca—P 呈显著或极显著负相关关系；$CaCO_3$ 与 Fe—P 呈显著负相关关系，与 Ca—P 呈极显著正相关关系。

第2章　川中丘陵区玉米—大豆套作系统物质流动及能值效益分析

间套作系统增加了土地复种指数，提高了土地产出率，很好地解决了土地资源与人口的矛盾。大量研究表明，间套作系统具有减少病虫害，对光、肥、水、热的高效利用，提高土壤肥力，减少养分流失，高产等特点。玉米作为人类的重要粮食兼经济作物，大豆作为战备粮食与优质蛋白质食品，二者都有极其重要的地位。由于玉米与大豆的资源限制因子不同，间套作使得两者整体产量有很大程度的提高，在旱耕地生态系统中占有重要位置。据统计，玉米—大豆套作在西南丘陵地区推广以来，面积达 1.15×10^{6} ha①，取得了良好的经济效益，在农业生产中占据重要地位。前人研究表明，从整个玉米—大豆间套作系统的综合效益来看，间套作系统效益明显高于单作系统，这表现出间套作系统优势。

两种或两种以上作物间套作，使得光、土壤养分、水分、温度等生态因子得以重新分布，有助于促进作物对养分的吸收利用。间套作作为种植方式的重要类型之一，其在经济及生态效益上都表现出了一定的优势。然而，间套作系统较单作系统投入了更多的人力及物力，这是阻碍其发展的重要原因之一。农田生态系统的物流及能流不仅包括系统本身，还包括人类在生产过程中对系统投入的物质及能量。物质循环和能量流动是农田系统的基本功能，物质的循环伴随着能量的流动，二者不可分割。只有当系统物质输入、输出达到平衡时，才能达到良性循环，以维持农田可持续发展。应用能值分析方法能将农田生态系统各种形式的能量进行统一，从而进行客观全面的分析。

① $1\ \text{ha}=10^{4}\ \text{m}^{2}$。

研究间套作系统物质能量流动特征及其内在机制，有利于更好地发挥间套作系统的生态学效应，促进农业可持续发展。然而，对玉米—大豆套作系统的能值分析尚缺乏系统研究，因此，本章研究着眼于西南地区推广范围较大的玉米—大豆套作系统，利用设置于仁寿、乐至、雅安三地的田间定位试验为研究平台，采集数据，分析其物质能量流动特征，并阐明其影响机制，以期为优化玉米—大豆套作系统提供理论依据与实践指导。

2.1　研究方案

2.1.1　研究内容

研究玉米—大豆套作系统产量、干物质积累量及土壤养分状况，分析其物流特征；分析玉米—大豆套作系统能量投入及输出结构特征，评价系统的功能与效益，并为优化套作系统提出建议。

2.1.2　研究目标

明确玉米—大豆套作系统下的物质能量流动特征，评价系统结构功能效益，为优化玉米—大豆套作系统提出建议。

2.1.3　技术路线

图 2.1 为本书的研究技术路线图，在仁寿、乐至、雅安三地进行田间试验的基础上，通过基础数据的收集及测定，分析在不同栽培模式及施肥水平下植物—土壤系统的养分情况，在此基础上，结合能值分析方法，通过构建的能值评价体系分析系统功能与效益，并给出建议。

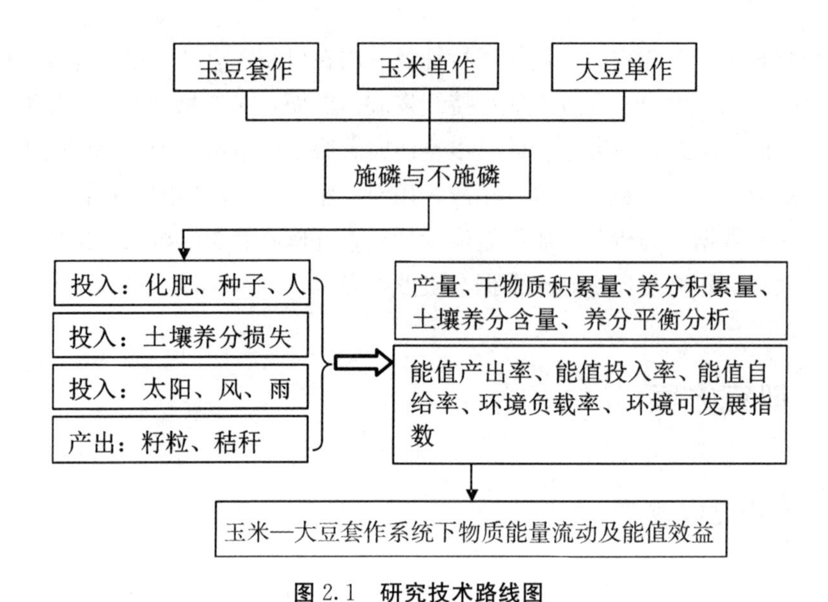

图 2.1　研究技术路线图

2.2　研究材料与方法

2.2.1　研究区概况

田间试验分别在仁寿县珠嘉乡踏水村（104°12′53″E，30°04′16″N）、乐至县孔雀乡孔雀浦村（105°01′42″E，30°16′25″N）和雅安市四川农业大学教学实验农场（103°01′46″E，29°54′02″N），三地多年的气象资料见表 2.1。

表 2.1　研究地点多年的气象资料

地点	项目	1月	2月	3月	4月	5月	6月	7月	8月	9月	10月	11月	12月
仁寿	平均气温（℃）	7.5	11.4	18.7	20.6	23.1	27.4	27.8	28.9	22.9	19.6	14.2	8.9
	平均降雨量（mm）	2.1	2.3	2.4	78.2	98.3	122.0	186.0	113.0	134.0	28.6	18.1	5.0
	平均风速（$m \cdot s^{-1}$）	0.7	0.7	1.1	1.4	1.5	1.6	1.5	1.4	1.2	1.0	0.8	0.7

续表

地点	项目	1月	2月	3月	4月	5月	6月	7月	8月	9月	10月	11月	12月
乐至	平均气温（℃）	7.1	11.3	17.9	20.4	22.3	26.8	27.9	28.0	22.3	19.1	13.4	8.2
	平均降雨量（mm）	4.1	9.8	2.2	47.9	143.0	125.0	366.0	196.8	138.9	26.5	33.4	2.7
	平均风速（$m \cdot s^{-1}$）	0.7	0.9	1.2	1.4	1.4	1.3	1.2	1.2	1.1	0.9	0.8	0.6
雅安	平均气温（℃）	6.3	7.7	11.6	16.8	20.8	23.3	25.1	24.9	21.0	16.7	12.4	7.8
	平均降雨量（mm）	20.8	31.9	50.9	93.0	129.0	181.0	370.0	433.6	207.0	98.3	56.5	20.9
	平均风速（$m \cdot s^{-1}$）	1.0	1.1	1.4	1.7	1.9	1.9	1.8	1.8	1.4	1.1	1.0	1.0

2.2.2　供试材料

供试材料选用前期筛选出来的优良品种，玉米品种为紧凑型的登海605，由山东登海种业股份有限公司提供；大豆品种为耐荫型南豆12，由四川省南充市农业科学院提供。供试土壤均为旱地紫色土，试验地基础土壤肥力见表2.2。

表 2.2　试验地基础土壤肥力

地点	pH	有机质（$g \cdot kg^{-1}$）	全氮（$g \cdot kg^{-1}$）	全磷（$g \cdot kg^{-1}$）	全钾（$g \cdot kg^{-1}$）	碱解氮（$mg \cdot kg^{-1}$）	有效磷（$mg \cdot kg^{-1}$）	有效钾（$mg \cdot kg^{-1}$）
仁寿	6.80	9.74	0.96	0.95	14.3	30.8	12.90	146.0
乐至	6.76	7.06	0.76	0.72	17.9	21.5	7.41	82.8
雅安	6.60	16.90	1.04	0.98	15.0	32.0	18.80	92.8

2.2.3　试验设计

试验在仁寿、乐至、雅安三地进行，试验设置及田间管理保持一致。

试验设置：田间试验采用二因素裂区设计，主因素为种植模式，分别为玉米—大豆套作（M/S）、玉米单作（M）、大豆单作（S），其中玉米—大豆套作模式为前期研究的最佳栽培模式。副因素为施磷水平，在施用相同氮钾肥的基础上设置施磷（P）和不施磷（P0）两种施肥水平，其中设置不施磷处理是为了初步探究在套作模式下减量施用磷肥系统的经济及环境效益。共 6 个处理，重复 3 次。各处理小区面积为 6 m×6 m。

玉米—大豆套作种 3 带，带宽 2 m，宽窄行 2∶2 种植，玉米宽行 1.6 m，宽行内种 2 行大豆，玉米窄行 0.4 m，玉米和大豆的间距 0.6 m，玉米、大豆穴距均为 0.17 m，玉米每穴单株，大豆每穴双株。玉米单作行距 1 m，穴距 0.17 m，每穴单株。大豆单作行距 0.5 m，穴距 0.34 m，每穴双株。单作、套作模式下玉米与大豆的种植密度保持一致，玉米密度为每公顷 5.85 万株，大豆密度为每公顷 10.5 万株。图 2.2 为不同栽培模式小区示意图。

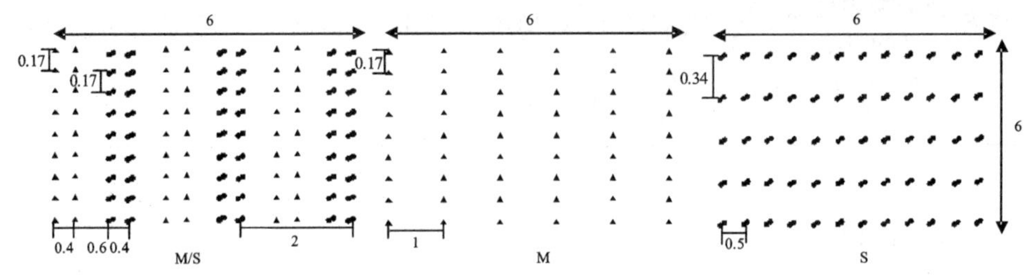

图 2.2 不同栽培模式小区示意图

注：玉米（▲）每穴为单株，大豆（●）每穴为双株；图中长度单位均为“m”。

玉米基肥每公顷施 N 72 kg、P_2O_5 105 kg (P) 或 0 kg (P0)、K_2O 112.5 kg，大喇叭口期每公顷追施 N 108 kg；大豆基肥每公顷施 N 60 kg、P_2O_5 63 kg (P) 或 0 kg (P0)、K_2O 52.5 kg。

2.2.4 数据收集

2.2.4.1 种植系统样品采集与测定

玉米和大豆完全成熟后，在各小区进行田间调查。玉米—大豆套作模式在每个小区内选择中间 1 带的 2 行玉米和 2 行大豆，玉米单作模式选择中间的 2 行玉米，大豆单作模式选择中间的 4 行大豆，田间调查玉米有效穗数和大豆有效株数。随机选择有代表性的 6 株玉米和 20 株大豆进行取样，于室内风干后考种，测定玉米穗粒数、千粒重，大豆单株荚数、荚粒数、百粒重，并计算出理论产量。

在植株样品采集后进行土壤样品的采集，图 2.3 为不同栽培模式土壤样品采集点布局图。用土钻采集 0～20 cm 土层，每个小区的土样至少由 5 个采集点的土样混合，随后用四分法进行缩分，挑出植物残体与石块，装袋，标记。将以上土样带回实验室风干，磨细，分别过 2 mm 与 0.2 mm 筛，装袋，标记备用。

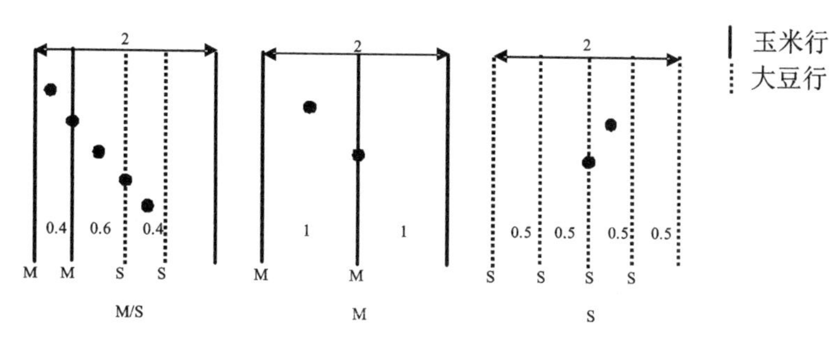

图 2.3　不同栽培模式土壤样品采集点布局图

注："●"为土样采集点，图中长度单位均为"m"。

植株样品粉碎后，用 $H_2SO_4-H_2O_2$ 消煮，再用流动分析仪测定其 N、P 含量，用火焰光度计测定 K，用元素分析仪测定植株的 C 含量。

选取过 2 mm 筛的土样测定土壤速效养分，选取过 0.2 mm 筛的土样测定土壤有机质。土壤碱解氮用碱解扩散法测定；速效磷用 $NaHCO_3$ 浸提－钼锑抗比色法测定；速效钾用 NH_4OAc 浸提－火焰光度计测定；有机质用外加热稀释滴定法测定。

以上测定方法均参照鲁如坤的《土壤农业化学分析方法》。

2.2.4.2　其他数据收集

在仁寿、乐至、雅安三地进行田间试验的同时，记录肥料、种子、育苗膜、农药的用量，记录人工成本及劳务人员基本信息，并收集当地气象资料。

（1）种植系统指标计算。

根据田间调查数据及考种数据计算作物产量，其计算公式如下：

玉米产量（$kg \cdot ha^{-1}$）＝有效穗数（穗$\cdot ha^{-1}$）×平均穗粒数×平均千粒重（g）÷1000÷1000

大豆产量（$kg \cdot ha^{-1}$）＝有效株数（株$\cdot ha^{-1}$）×单株粒数×百粒重（g）÷100÷1000

根据玉米和大豆的产量计算土地当量比 *LER*，计算公式如下：

$$LER=\frac{Yim}{Ymm}+\frac{Yis}{Yms}$$

式中，*Yim*、*Yis* 分别代表套作总面积的玉米、大豆的产量，*Ymm*、*Yms* 分别为单作玉米、单作大豆的产量。当 $LER>1$ 时，为套作优势，当 $LER<1$ 时，为套作劣势。

养分积累量（N、P、K，$kg \cdot ha^{-1}$）=植株养分含量（N、P、K，$g \cdot kg^{-1}$）×植株干物质积累量（$kg \cdot ha^{-1}$）÷1000

养分产投比（N、P、K）=施入（肥料）养分量（N、P、K，$kg \cdot ha^{-1}$）÷（籽粒、秸秆）携出的总养分量（N、P、K，$kg \cdot ha^{-1}$）

（2）能值数据计算。

本书的研究能值数据均采用三个试验地（雅安、仁寿、乐至）平均值进行计算，各处理研究以 1 m^2 为单位面积，以系统作物生长周期为时间长度估算系统能值投入产出量。全年辐射量采用四川多年的平均辐射 $4.20 \times 10^9\ J \cdot m^{-2}$；为避免因土壤物理性质引起的差异，本书研究取三地土壤的容重平均值 $1.40\ g \cdot cm^{-3}$，用以估算土壤养分损失量所包含的太阳能值。

其中，可更新资源能的计算公式如下：

太阳能 E_1（$J \cdot a^{-1}$）=土地面积（m^2）×辐射量（$J \cdot m^{-2} \cdot a^{-1}$）

风能 E_2（$J \cdot a^{-1}$）=土地面积（m^2）×高度（m）×空气密度（$1.29 \times 10^3\ g \cdot m^{-3}$）×涡流扩散系数（$12.95\ m^2 \cdot s^{-1}$）×风速梯度（$1 \cdot s^{-1}$）^{2}×（$3.1536 \times 10^7\ s \cdot a^{-1}$）

雨水势能 E_3（$J \cdot a^{-1}$）=土地面积（m^2）×年平均降水量（$m \cdot a^{-1}$）×水密度（$10^6 g \cdot m^{-3}$）×海拔（m）×重力加速度（$9.8\ m \cdot s^{-2}$）

雨水化学能 E_4（$J \cdot a^{-1}$）=土地面积（m^2）×降水量（$m \cdot a^{-1}$）×水密度（$10^6 g \cdot m^{-3}$）×吉布斯自由能（$4.94\ J \cdot g^{-1}$）

不可更新资源能为土壤养分损失，其计算公式如下：

土壤养分损失（C、N、P、K，$g \cdot m^{-2}$）=种植前土壤养分（C、N、P、K，$g \cdot m^{-2}$）−种植后土壤养分（C、N、P、K，$g \cdot m^{-2}$）

能值计算公式如下（能值转化率见表 2.3）：

能值 E（sej）=能值转化率 ET（$sej \cdot J^{-1}$，$sej \cdot g^{-1}$，$sej \cdot \$^{-1}$）×数量 X（J，g，\$）

表 2.3　能值转化率

项目	能值转化率（$sej \cdot J^{-1}$，$sej \cdot g^{-1}$，$sej \cdot \$^{-1}$）
太阳能	1.00
风能	2.35×10^{3}
雨水势能	1.05×10^{4}
雨水化学能	1.82×10^{4}
土壤有机质	1.34×10^{5}
土壤氮素	6.25×10^{5}
土壤磷素	5.05×10^{5}
土壤钾素	5.78×10^{5}
劳务	5.57×10^{12}
农药	1.97×10^{7}
育苗膜	6.60×10^{4}
种子	2.00×10^{5}
氮肥	3.00×10^{6}
磷肥	1.89×10^{6}
钾肥	1.01×10^{7}
玉米籽粒	8.30×10^{4}
玉米秸秆	3.90×10^{4}
大豆籽粒	6.90×10^{5}
大豆秸秆	2.70×10^{4}

注：美元/人民币＝1/6.4671；能值货币比率（$1.49 \times 10^{13}\ sej \cdot \$^{-1}$）.

（3）绘制能流图。

参照蓝盛芳、Odum 的研究成果，绘制三种栽培模式能量投入、产出的流程图，图 2.4 为种植系统能值流图解。

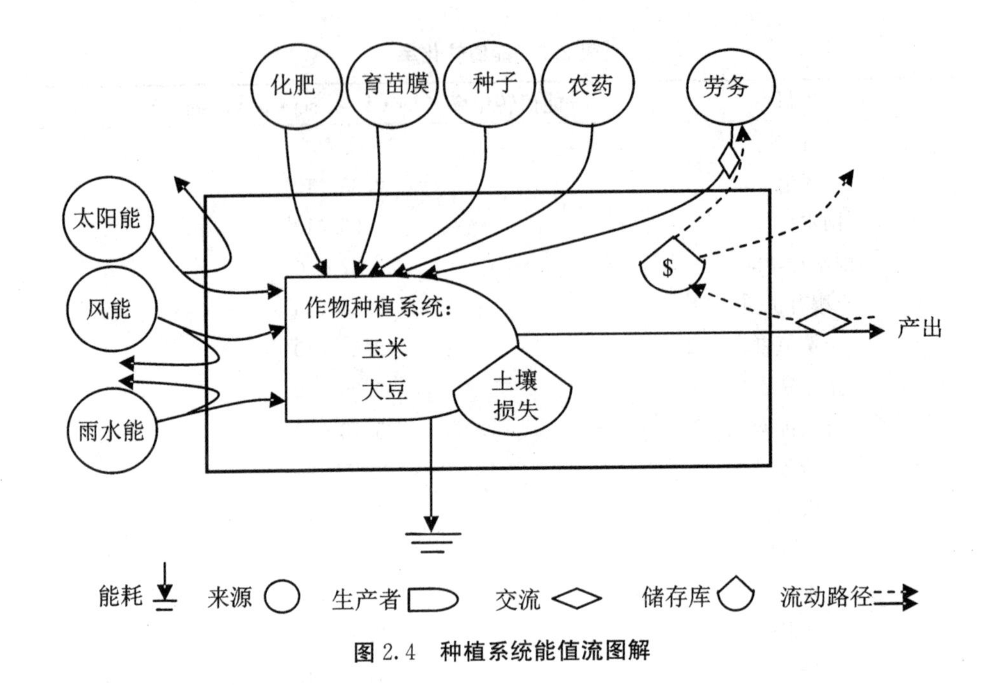

图 2.4 种植系统能值流图解

(4) 编制能值分析表。

玉米、大豆作为系统初级生产者，利用太阳能将无机物转化为自身有机物，并以能量的形式储存。系统输入能源包括本地资源能及外部输入能源，本地资源能包括可更新资源能（太阳能、风能、雨水能）及不可更新资源能（土壤养分损失），外部输入能源包括不可更新工业辅助能（肥料、育苗膜、农药）和可更新有机能（种子、劳务），由于这部分外部输入能源需要购买，因此又称其为购买能值或经济能值。系统产出能值包括玉米、大豆籽粒及秸秆。三种栽培模式的能值投入、产出分析见表 2.4～表 2.6。

表 2.4 玉米—大豆套作模式能值投入、产出分析

项目		原始数据（J，g，$）		能值（sej）	
		M/S −P	M/S −P0	M/S −P	M/S −P0
可更新资源能	太阳能	2.96×10^{9}	2.96×10^{9}	2.96×10^{9}	2.96×10^{9}
	风能	4.11×10^{6}	4.11×10^{6}	9.66×10^{9}	9.66×10^{9}
	雨水势能	4.71×10^{9}	4.71×10^{9}	4.95×10^{13}	4.95×10^{13}
	雨水化学能	4.84×10^{6}	4.84×10^{6}	8.82×10^{10}	8.82×10^{10}

续表

项目		原始数据（J，g，$）		能值（sej）	
		M/S －P	M/S －P0	M/S －P	M/S －P0
不可更新资源能	土壤有机质	－143.01	－58.52	-1.91×10^{7}	-7.84×10^{6}
	土壤氮素	－0.42	－0.34	-2.63×10^{5}	-2.13×10^{5}
	土壤磷素	－0.35	－0.05	-1.74×10^{5}	-2.76×10^{4}
	土壤钾素	－0.70	－0.52	-4.05×10^{5}	-3.03×10^{5}
不可更新工业辅助能	农药	0.43	0.43	8.47×10^{6}	8.47×10^{6}
	育苗膜	0.20	0.20	1.32×10^{4}	1.32×10^{4}
	氮肥	24.00	24.00	7.20×10^{7}	7.20×10^{7}
	磷肥	16.80	0.00	3.18×10^{7}	0.00
	钾肥	16.50	16.50	1.67×10^{8}	1.67×10^{8}
可更新有机能	劳务	5.22	5.12	2.91×10^{13}	2.85×10^{13}
	玉米种子	2.00	2.00	4.00×10^{5}	4.00×10^{5}
	大豆种子	3.00	3.00	6.00×10^{5}	6.00×10^{5}
系统产出能值	玉米籽粒	7.29×10^{2}	6.69×10^{2}	6.05×10^{7}	5.55×10^{7}
	玉米秸秆	7.95×10^{2}	6.96×10^{2}	3.10×10^{7}	2.71×10^{7}
	大豆籽粒	1.31×10^{2}	1.06×10^{2}	9.04×10^{7}	7.31×10^{7}
	大豆秸秆	1.36×10^{2}	1.11×10^{2}	3.67×10^{6}	3.00×10^{6}

表 2.5　玉米单作模式能值投入、产出分析

项目		原始数据（J，g，$）		能值（sej）	
		M－P	M －P0	M－P	M－P0
可更新资源能	太阳能	1.82×10^{9}	1.82×10^{9}	1.82×10^{9}	1.82×10^{9}
	风能	2.56×10^{6}	2.56×10^{6}	6.00×10^{9}	6.00×10^{9}
	雨水势能	2.82×10^{9}	2.82×10^{9}	2.96×10^{13}	2.96×10^{13}
	雨水化学能	2.90×10^{6}	2.90×10^{6}	5.28×10^{10}	5.28×10^{10}
不可更新资源能	土壤有机质	153.07	216.23	2.05×10^{7}	2.89×10^{7}
	土壤氮素	0.03	0.10	1.64×10^{4}	6.25×10^{4}
	土壤磷素	－0.32	0.56	-1.59×10^{5}	2.83×10^{5}
	土壤钾素	0.26	1.42	1.53×10^{5}	8.23×10^{5}

续表

项目		原始数据（J，g，$）		能值（sej）	
		M—P	M—P0	M—P	M—P0
不可更新工业辅助能	农药	0.23	0.23	4.53×10^{6}	4.53×10^{6}
	育苗膜	0.20	0.20	1.32×10^{4}	1.32×10^{4}
	氮肥	18.00	18.00	5.40×10^{7}	5.40×10^{7}
	磷肥	10.50	0.00	1.98×10^{7}	0.00
	钾肥	11.30	11.30	1.14×10^{8}	1.14×10^{8}
可更新有机能	劳务	4.30	4.22	2.39×10^{13}	2.35×10^{13}
	玉米种子	2.00	2.00	4.00×10^{5}	4.00×10^{5}
系统产出能值	玉米籽粒	7.79×10^{2}	6.61×10^{2}	6.47×10^{7}	5.49×10^{7}
	玉米秸秆	8.37×10^{2}	6.85×10^{2}	3.27×10^{7}	2.67×10^{7}

表 2.6　大豆单作模式能值投入、产出分析

项目		原始数据（J，g，$）		能值（sej）	
		S—P	S—P0	S—P	S—P0
可更新资源能	太阳能	1.91×10^{9}	1.91×10^{9}	1.91×10^{9}	1.91×10^{9}
	风能	2.28×10^{6}	2.28×10^{6}	5.35×10^{9}	5.35×10^{9}
	雨水势能	3.54×10^{9}	3.54×10^{9}	3.72×10^{13}	3.72×10^{13}
	雨水化学能	3.64×10^{6}	3.64×10^{6}	6.63×10^{10}	6.63×10^{10}
不可更新资源能	土壤有机质	−126.32	335.43	-1.69×10^{7}	4.48×10^{7}
	土壤氮素	−0.52	0.05	-3.25×10^{5}	3.13×10^{4}
	土壤磷素	−0.05	0.65	-2.59×10^{4}	3.30×10^{5}
	土壤钾素	0.72	1.83	4.19×10^{5}	1.06×10^{6}
不可更新工业辅助能	农药	0.39	0.39	7.68×10^{6}	7.68×10^{6}
	氮肥	6.00	6.00	1.80×10^{7}	1.80×10^{7}
	磷肥	6.30	0.00	1.19×10^{7}	0.00
	钾肥	5.25	5.25	5.30×10^{7}	5.30×10^{7}
可更新有机能	大豆种子	3.00	3.00	6.00×10^{5}	6.00×10^{5}
	劳务	2.96	2.87	1.65×10^{13}	1.60×10^{13}
系统产出能值	大豆籽粒	1.81×10^{2}	1.16×10^{2}	1.25×10^{8}	8.00×10^{7}
	大豆秸秆	1.60×10^{2}	1.15×10^{2}	4.32×10^{6}	3.11×10^{6}

（5）能值指标体系构建。

本书选取了如下的评价指标构建系统评价指标体系。

能值产出率（Emergy Yield Rate，EYR）反映系统能值投资回报率的高低及产品是否具有价格竞争优势。*EYR* 值越大，表明在一定能值投入情况下系统的产出量越高，系统越具有较高的竞争力。

$$EYR=EmT/(EmI+EmO)$$

能值投入率（Emergy Input Rate，EIR）表征系统对环境资源的利用程度。*EIR* 值越大，说明系统的经济发展程度越高，对环境的压力越小；*EIR* 值越小，说明系统的经济发展程度越低，对环境的压力越大。

$$EIR=(EmI+EmO)/(EmN+EmR)$$

能值自给率（Emergy Self-sufficiency Rate，ESR）用来评价系统对自然资源的利用情况及系统自我支持能力。其值越大，表明系统对自然环境的依赖程度越大，自然环境资源对农业经济发展所做的贡献越大，独立发展能力越强。

$$ESR=(EmR+EmN)/(EmR+EmN+EmI+EmO)$$

能值投入密度（Emergy Input Density，EID）反映系统发展模式对能值的利用强度，*EID* 值越大，说明系统经济发展对能值的利用强度越大。

$$EID=(EmR+EmN+EmO+EmI)/A$$

能值产投比（Emergy input-output Ratio，EioR）是系统产出和投入的比值，反映系统的生产效率。

$$EioR=EmY/EmT$$

能值—劳动生产率（Emergy and Labor Productivity，ELP）反映和评价生产者的劳动效率，其值越大，反映系统生产者的劳动效率越高。

$$ELP=EmY/T$$

环境负载率（Environmental Loading Rate，ELR）反映系统对环境的影响。*ELR* 值较小，表明经济系统中能值利用强度相对较低，对系统环境产生的压力也较小；值较大，表明经济系统中能值利用强度较高，同时对系统环境产生的压力也较大。

$$ELR=(EmN+EmI)/(EmR+EmO)$$

能值可持续发展指数（Emergy Sustainable Index，ESI）体现生态系统的生产活力和发展潜力。*ESI* 值越大，表明系统产生的效益越高，可持续发展性越高。

$$ESI = EYR/ELR$$

宏观经济价值（Macro Economic Value，MEV）是总产出能值与地区能值货币比的比值，其单位为＄，用于反映系统产出产品理论上的经济价值。

$$MEV = EmY/F$$

系统生产优势度（Total Advantage of System Production）反映系统结构总体的生产单元均衡性，用 c 表示。

$$c = \sum (EmY_i/EmY)^2$$

系统稳定性指数（System Stability Index）表示系统生产稳定性，用 s 表示，其值越大，说明农业系统的物质流、能量流连接网络越发达，系统自控、调节、反馈作用越强。

$$s = \sum [(EmY_i/EmY)\ln(EmY_i/EmY)]$$

以上各式中，EmT 为总能值投入；EmN 为输入的不可更新环境资源能值；EmR 为输入的可更新环境资源能值；EmI 为环境输入能值；EmO 为可更新有机能能值；A 为土地面积；EmY_i 为系统秸秆（或籽粒）能值产出；EmY 为总能值产出；T 为系统劳动时间；F 为能值与货币比率。

2.2.5 数据处理

本书选用 Excel 2007 进行数据的简单统计处理及作图。运用 SPSS 20.0 进行方差分析及相关性分析，多重比较采用 LSD 法，数据用单因素方差分析（One-way ANOVA）检验处理间差异的显著性，不同字母表示差异显著（$P<0.05$），相同字母表示差异不显著（$P>0.05$）。

2.3 结果与分析

2.3.1 不同栽培模式下作物产量及生物量差异

2.3.1.1 不同栽培模式下作物产量差异

不同栽培模式下系统的产量及其土地当量比见表 2.7。由表 2.7 可以看出，无论施磷与否，玉米—大豆套作在三个试验点其 LER 值均大于 1，表现为套作优势，其中不施磷处理下其 *LER* 值显著高于施磷处理。无论施磷肥与否，玉米—大豆套作模式的玉米产量和玉米单作模式的玉米产量并无显著差异；施磷（P）条件下，玉米—大豆套作模式的大豆产量显著低于大豆单作模式的大豆产量，不施磷（P0）条件下，玉米—大豆套作模式的大豆产量与大豆单作模式的大豆产量并无显著差异。就总体产量而言，三地均表现出 M/S—P、M/S－P0、M－P 显著高于 M－P0，且显著高于大豆单作 S－P、S—P0。

施磷（P）条件下，与单作模式相比，玉米—大豆套作模式的玉米产量在仁寿、乐至、雅安三地分别降低了 11.3%、4.9%、2.9%，玉米—大豆套作模式的大豆产量分别降低了 27.5%、26.6%、29.9%；不施磷（P0）条件下，与单作模式相比，玉米—大豆套作模式的玉米产量在仁寿、乐至、雅安三地分别降低了 0.1%、1.9%、升高了 5.5%，玉米—大豆套作模式的大豆产量分别降低了 9.5%、3.5、14.1%。

表 2.7　不同栽培模式下系统的产量及其土地当量比

地点	栽培模式	磷水平	产量（kg·ha^{-1}）			
			玉米	大豆	总计	*LER*
仁寿	M/S	P	7004.4±711.6ab	1386.2±87.3c	8390.7±698.3a	1.62±0.08b
		P0	6330.7±688.3ab	1091.7±94.3c	7106.2±597.3b	1.95±0.05a
	M	P	7898.2±49.8a	—	7898.2±49.8ab	
		P0	6338.1±635.0ab	—	5797.1±635.0b	
	S	P	—	1912.6±157.7a	1912.6±157.7c	
		P0	—	1206.1±140.6c	1206.1±140.6c	
乐至	M/S	P	7631.1±358.5ab	1342.9±144.8c	8974.0±390.2a	1.69±0.07b
		P0	6808.5±531.0ab	1097.9±131.3c	7906.4±446.7ab	1.96±0.23a
	M	P	8027.4±531.0a	—	8027.4±531.0ab	
		P0	6938.8±542.9ab	—	6938.8±542.9b	
	S	P	—	1829.1±155.8a	1829.1±155.8c	
		P0	—	1137.2±128.4c	1137.2±128.4c	

续表

地点	栽培模式	磷水平	产量（kg·ha^{-1}）			
			玉米	大豆	总计	*LER*
雅安	M/S	P	7235.6±739.2ab	1186.3±25.1c	8421.8±740.7a	1.69±0.22b
		P0	6931.1±680.1ab	975.3±87.0c	7906.4±981.8ab	1.92±0.12a
	M	P	7451.4±817.1ab	—	7451.4±817.1ab	
		P0	6567.5±106.7ab	—	6567.5±106.7b	
	S	P	—	1692.8±142.7b	1692.8±142.7c	
		P0	—	1134.8±112.0c	1134.8±112.0c	

注：M/S为玉米—大豆套作模式；M为玉米单作模式；S为大豆单作模式。P：施磷；P0：不施磷。同列不同字母表示差异显著（$P<0.05$）。

在玉米—大豆套作模式下，与施磷（P）处理相比，不施磷（P0）处理下玉米产量在仁寿、乐至、雅安三地分别降低了9.6%、10.8%、4.2%，大豆产量分别降低了21.2%、18.2%、17.8%；玉米单作模式下，与施磷（P）处理相比，不施磷（P0）处理下玉米产量在三地分别降低了19.8%、13.6%、11.9%；大豆单作模式下，大豆产量在三地分别降低了36.9%、37.8%、33.0%。

2.3.1.2 不同栽培模式下和施磷水平下作物干物质量积累差异

不同栽培模式下作物干物质积累量见表2.8。由表2.8可以看出，在玉米—大豆套作模式下，与不施磷（P0）处理相比，施磷（P）处理的玉米秸秆干物质积累量在仁寿、乐至、雅安三地分别提高了13.2%、17.1%、12.0%；在玉米单作模式下，与不施磷（P0）处理相比，施磷（P）处理的玉米秸秆干物质积累量在仁寿、乐至、雅安三地分别提高了32.6%、13.8%、23.1%。在玉米—大豆套作模式下，与不施磷（P0）处理相比，施磷（P）处理的大豆秸秆干物质积累量在仁寿、乐至、雅安三地分别提高了17.1%、15.6%、35.3%；在大豆单作模式下，与不施磷（P0）处理相比，施磷（P）处理的大豆秸秆干物质积累量在仁寿、乐至、雅安三地分别提高了37.4%、28.2%、55.8%。

表2.8　不同栽培模式下作物干物质积累量

地点	栽培模式	磷水平	秸秆干物质积累量（kg·ha⁻¹）		籽粒干物质积累量（kg·ha⁻¹）	
			玉米	大豆	玉米	大豆
仁寿	M/S	P	7372±280b	1334±146.0ab	7004±712.0ab	1386±87.3c
		P0	6512±130c	1139±41.7b	6331±688.0ab	1092±94.3c
	M	P	8011±220b	—	7898±49.8a	—
		P0	6041±313c	—	6338±635.0ab	—
	S	P	—	1565±63.2a	—	1913±158.0a
		P0	—	1139±206.0b	—	1206±141.0c
乐至	M/S	P	8643±353ab	1382±181.0ab	7631±359.0ab	1343±145.0c
		P0	7383±852bc	1195±176.0b	6809±531.0ab	1098±131.0c
	M	P	9042±560a	—	8027±531.0a	—
		P0	7945±880b	—	6939±543.0ab	—
	S	P	—	1644±395.0a	—	1829±156.0a
		P0	—	1282±80.0bab	—	1137±128.0c
雅安	M/S	P	7826±856b	1367±109.0ab	7236±739.0ab	1186±25.1c
		P0	6990±497c	1010±44.4b	6931±680.0ab	975±87.0c
	M	P	8067±463b	—	7451±817.0ab	—
		P0	6553±505c	—	6568±107.0ab	—
	S	P	—	1595±56.6a	—	1693±143.0b
		P0	—	1024±91.0b	—	1135±112.0c

注：±后面的数据是平均值的标准偏差。同一列中不同字母表示不同处理间在 $P<0.05$ 水平上差异显著。

施磷（P）处理下，与玉米单作相比，玉米—大豆套作模式下的玉米秸秆干物质积累量在仁寿、乐至、雅安三地分别降低了8.0%、4.4%、3.0%；不施磷（P0）处理下，与玉米单作相比，玉米—大豆套作模式下的玉米秸秆干物质积累量在仁寿、乐至、雅安三地分别降低了−7.8%、7.1%、−6.7%。施磷（P）处理下，与大豆单作相比，玉米—大豆套作模式下的大豆秸秆干物质积累量在仁寿、乐至、雅安三地分别降低了14.8%、15.9%、14.3%；不施磷（P0）处理下，与大豆单作相比，玉米—大豆套作模式下的大豆秸秆干物质积累量在仁寿、乐至、雅安三地分别降低了0%、6.8%、1.4%。

2.3.1.3 不同栽培模式下作物养分积累量差异

(1) 不同栽培模式下作物碳含量差异。

不同栽培模式下作物碳含量差异见表2.9。由表2.9可以看出，栽培模式及施肥水平对作物碳含量均有显著影响。在同一施肥水平下，玉米—大豆套作模式下与玉米单作模式下的玉米碳含量无显著差异；在同一栽培模式，不同施肥水平下，玉米碳含量表现为施磷（P）处理显著高于不施磷（P0）处理。施磷（P）处理下，大豆碳含量表现为大豆单作显著高于玉米—大豆套作；不施磷（P0）处理下，大豆单作、玉米—大豆套作模式下的大豆碳含量无显著差异。玉米—大豆套作模式下，施肥水平对大豆碳含量无影响；大豆单作表现为施磷（P）处理显著高于不施磷（P0）处理。就玉米碳含量而言，三地均表现出M－P（M/S－P）＞M/S－P0（M－P0）；就大豆碳含量而言，三地均呈现出S－P＞M/S－P（M/S－P0）（S－P0），呈现显著水平。

表2.9 不同栽培模式下作物碳含量差异

地点	栽培模式	磷水平	玉米			大豆		
			秸秆碳含量 ($kg \cdot ha^{-1}$)	籽粒碳含量 ($kg \cdot ha^{-1}$)	合计 ($kg \cdot ha^{-1}$)	秸秆碳含量 ($kg \cdot ha^{-1}$)	籽粒碳含量 ($kg \cdot ha^{-1}$)	合计 ($kg \cdot ha^{-1}$)
仁寿	M/S	P	4063±104.0bc	3795±180ab	7858±840b	1785±112.0b	817±75.9b	2602±169.0b
		P0	3627±315.0c	2800±424c	6427±571c	1381±122.0c	431±50.5c	1811±36.6c
	M	P	4107±409.0bc	3603±600ab	7710±1003b	—	—	—
		P0	3575±259.0c	2678±259c	6253±693c	—	—	—
	S	P	—	—	—	2637±192.0a	863±61.6b	3500±236.0a
		P0	—	—	—	1396±120.0c	560±47.9bc	1956±158.0c

续表

地点	栽培模式	磷水平	玉米			大豆		
			秸秆碳含量（kg·ha^{-1}）	籽粒碳含量（kg·ha^{-1}）	合计（kg·ha^{-1}）	秸秆碳含量（kg·ha^{-1}）	籽粒碳含量（kg·ha^{-1}）	合计（kg·ha^{-1}）
乐至	M/S	P	4777±97.5ab	3589±288bc	8366±479ab	1427±99.8c	785±60.2b	2211±152.0c
		P0	3906±674.0bc	3541±822bc	7447±500bc	1384±116.8c	612±93.3bc	1996±141.0c
	M	P	5286±540.0a	4039±190a	9325±719a	—	—	—
		P0	3625±843.0c	3326±376bc	6951±880bc	—	—	—
	S	P	—	—	—	1888±126.0b	1089±96.0a	2976±151.0ab
		P0	—	—	—	1481±104.0c	538±62.8bc	2020±153.0c
雅安	M/S	P	4069±716bc	4274±826a	8343±906ab	1722±208.0b	446±48.6c	2168±132.0c
		P0	3691±481c	3747±589ab	7438±239bc	1451±84.4c	377±36.1c	1827±65.7c
	M	P	4484±953ab	4264±328a	8748±632a	—	—	—
		P0	3769±290bc	3428±224bc	7197±366bc	—	—	—
	S	P	—	—	—	2270±403.0a	546±52.9bc	2816±529.0ab
		P0	—	—	—	1404±95.1c	478±88.5c	1882±60.4c

注：±后面的数据是平均值的标准偏差。同一列中不同字母表示不同处理间在 $P<0.05$ 水平上差异显著。

在玉米—大豆套作模式下，与不施磷（P0）处理相比，施磷（P）处理的玉米碳含量在仁寿、乐至、雅安三地分别提高了 18.2%、11.0%、10.8%；在玉米单作模式下，与不施磷处理（P0）相比，施磷（P）处理的玉米碳含量在仁寿、乐至、雅安三地分别提高了 18.9%、25.5%、17.7%。在玉米—大豆套作模式下，与不施磷处理（P0）相比，施磷（P）处理的大豆碳含量在仁寿、乐至、雅安三地分别提高了 30.4%、9.7%、15.7%；在大豆单作模式下，与不施磷处理（P0）相比，施磷（P）处理的大豆碳含量在仁寿、乐至、雅安三地分别提高了44.1%、32.1%、33.2%。

施磷（P）处理下，与玉米单作相比，玉米—大豆套作模式下的玉米碳含量在仁寿、乐至、雅安三地分别降低了－1.9%、10.3%、4.6%；在不施磷（P0）处理下，与玉米单作相比，玉米—大豆套作模式下的玉米碳含量在仁寿、乐至、雅安三地分别降低了－2.7%、－6.7%、－3.2%。在施磷（P）处理下，与大豆单作相比，玉米—大豆套作模式下的大豆碳含量在仁寿、乐至、雅安三地分别降低了25.6%、25.7%、23.0%；在不施磷（P0）处理下，与大豆单作相比，玉米—大豆套作模式下的大豆碳含量在仁寿、乐至、雅安三地分别降低了7.4%、1.2%、2.9%。

（2）不同栽培模式下作物氮素积累量差异。

不同栽培模式下作物氮素积累量见表2.10。由表2.10可以看出，同一施肥水平下，玉米—大豆套作模式与玉米单作模式的玉米氮素积累量无显著差异；同一栽培模式下，不同施肥水平下，玉米氮素积累量表现为施磷（P）处理显著高于不施磷（P0）处理。施磷（P）条件下，大豆氮素积累量表现为大豆单作模式显著高于玉米—大豆套作；不施磷（P0）条件下，大豆单作模式与玉米—大豆套作模式的大豆氮素积累量无显著差异。在不同施肥水平下，玉米—大豆套作模式的大豆氮素积累量无显著差异，大豆单作模式的大豆氮素积累量表现为施磷（P）处理显著高于不施磷（P0）处理。施肥水平对玉米氮素积累量影响较大，栽培模式对大豆氮素积累量影响较大。就玉米氮素积累量而言，三地均表现出M－P>M/S－P>M/S－P0（M－P0）；就大豆氮素积累量而言，三地均呈现出S－P>M/S－P（M/S－P0）(S－P0)，均呈现显著水平。

表2.10 不同栽培模式下作物氮素积累量

地点	栽培模式	磷水平	玉米			大豆		
			秸秆氮素积累量(kg·ha^{-1})	籽粒氮素积累量(kg·ha^{-1})	合计(kg·ha^{-1})	秸秆氮素积累量(kg·ha^{-1})	籽粒氮素积累量(kg·ha^{-1})	合计(kg·ha^{-1})
仁寿	M/S	P	101±4.5ab	158±15.9b	259±19.9b	42.1±1.30ab	148±9.80b	190±9.40b
		P0	69.3±8.8c	113±14.6c	182±16.4c	35.8±6.80b	112±14.80bc	148±12.80bc
	M	P	113±7.3a	186±8.2a	298±15.9a	—	—	—
		P0	61.7±6.1c	112±13.1c	174±7.2c	—	—	—
	S	P	—	—	—	51.8±4.50a	216±11.90a	268±12.00a
		P0	—	—	—	32.6±7.30b	118±13.30bc	151±20.50bc
乐至	M/S	P	115±13.9a	171±16.1ab	286.1±20.9ab	44.4±7.10b	140±14.60b	185±13.90b
		P0	79.5±11.4c	120±4.3c	199.7±20.8c	36.9±6.60b	120±14.90bc	157±17.40bc
	M	P	122±14.8a	182±20.8a	304.2±19.3a	—	—	—
		P0	82.8±11.1bc	117±18.3c	199.8±9.8c	—	—	—
	S	P	—	—	—	53.9±11.70a	208±13.70a	262±22.90a
		P0	—	—	—	39.9±5.90b	130±19.80bc	169±19.50bc

续表

地点	栽培模式	磷水平	玉米			大豆		
			秸秆氮素积累量（kg·ha^{-1}）	籽粒氮素积累量（kg·ha^{-1}）	合计（kg·ha^{-1}）	秸秆氮素积累量（kg·ha^{-1}）	籽粒氮素积累量（kg·ha^{-1}）	合计（kg·ha^{-1}）
雅安	M/S	P	105±15.3a	154±15.7b	258.5±17.6b	44.0±3.80ab	121±3.90bc	165±14.0bc
		P0	77.6±15.6c	115±13.3c	192.2±7.7c	31.9±2.50b	98.3±9.10c	130±9.60c
	M	P	112±19.8a	168±14.3ab	279.5±28.8ab	—	—	—
		P0	72.1±11.2c	110±8.8c	181.8±16.2c	—	—	—
	S	P	—	—	—	55.8±7.80a	191±18.80a	247±21.70a
		P0	—	—	—	34.8±2.80b	123±13.20bc	158±13.20bc

注：±后面的数据是平均值的标准偏差。同一列中不同字母表示不同处理间在 $P<0.05$ 水平上差异显著。

在玉米—大豆套作模式下，与不施磷处理（P0）相比，施磷（P）处理的玉米氮素积累量在仁寿、乐至、雅安三地分别提高了29.7%、30.2%、25.6%；在玉米单作模式下，与不施磷（P0）处理相比，施磷（P）处理的玉米氮素积累量在仁寿、乐至、雅安三地分别提高了41.6%、34.3%、35.0%。在玉米—大豆套作模式下，与不施磷（P0）处理相比，施磷（P）处理的大豆氮素积累量在仁寿、乐至、雅安三地分别提高了21.9%、14.9%、21.0%；在大豆单作模式下，与不施磷（P0）处理相比，施磷（P）处理的大豆氮素积累量在仁寿、乐至、雅安三地分别提高了43.7%、35.2%、36.1%。

施磷（P）处理下，与玉米单作相比，玉米—大豆套作模式下的玉米氮素积累量在仁寿、乐至、雅安三地分别降低了13.0%、6.0%、7.5%；不施磷（P0）处理下，与玉米单作相比，玉米—大豆套作模式下的玉米氮素积累量在仁寿、乐至、雅安三地分别降低了−4.8%、0.1%、−5.7%。施磷（P）处理下，与大豆单作相比，玉米—大豆套作模式下的大豆氮素积累量在仁寿、乐至、雅安三地分别降低了29.1%、29.4%、33.3%；不施磷（P0）处理下，与大豆单作相比，玉米—大豆套作模式下的大豆氮素积累量在仁寿、乐至、雅安三地分别降低了 1.7%、7.3%、17.6%。

(3) 不同栽培模式下作物磷素积累量差异。

不同栽培模式下作物磷素积累量见表 2.11。由表 2.11 可以看出，栽培模式及施肥水平对作物磷素的吸收均有显著影响。同一施肥水平下，玉米—大豆套作模式与玉米单作模式的玉米磷素积累量无显著差异；同一栽培模式下，不同施肥水平下，玉米磷素积累量表现为施磷（P）处理显著高于不施磷（P0）处理。施磷（P）处理下，大豆磷素积累量表现为大豆单作模式显著高于玉米—大豆套作模式；不施磷（P0）处理下，玉米—大豆套作模式与大豆单作模式的大豆磷素积累量无显著差异。同一栽培模式下，大豆单作模式的大豆磷素积累量均表现为施磷（P）处理显著高于不施磷（P0）处理；玉米—大豆套作模式的大豆磷素积累量在两种施肥水平下无显著差异。就玉米磷素积累量而言，三地均表现出 M−P（M/S−P）>M/S−P0（M−P0）；就大豆磷素积累量而言，三地均呈现出 S−P>M/S−P>M/S−P0（S−P0），且均呈现显著水平。

表 2.11　不同栽培模式下作物磷素积累量

地点	栽培模式	磷水平	玉米			大豆		
			秸秆磷素积累量 (kg·ha^{-1})	籽粒磷素积累量 (kg·ha^{-1})	合计 (kg·ha^{-1})	秸秆磷素积累量 (kg·ha^{-1})	籽粒磷素积累量 (kg·ha^{-1})	合计 (kg·ha^{-1})
仁寿	M/S	P	19.6±2.64ab	24.1±2.95ab	43.7±5.42ab	4.93±0.76b	14.30±0.57ab	19.20±1.14ab
		P0	16.5±4.71b	17.9±2.38c	34.4±5.33c	3.51±0.30c	10.40±1.16b	13.90±1.43bc
	M	P	22.3±4.95ab	29.8±2.22a	52.0±7.17a	—	—	—
		P0	16.4±2.28b	18.1±4.03c	32.9±1.94c	—	—	—
	S	P	—	—	—	5.71±0.61a	18.50±2.67a	24.20±2.54a
		P0	—	—	—	3.40±0.71c	11.50±1.53b	14.90±2.18bc

续表

地点	栽培模式	磷水平	玉米			大豆		
			秸秆磷素积累量 (kg·ha^{-1})	籽粒磷素积累量 (kg·ha^{-1})	合计 (kg·ha^{-1})	秸秆磷素积累量 (kg·ha^{-1})	籽粒磷素积累量 (kg·ha^{-1})	合计 (kg·ha^{-1})
乐至	M/S	P	22.1±4.66ab	25.5±2.08ab	47.6±6.70ab	5.01±0.28ab	12.10±1.24b	17.10±1.07b
		P0	17.3±1.97ab	19.7±5.23b	37.0±6.51bc	4.07±0.60bc	9.86±1.29b	13.90±1.47bc
	M	P	24.7±0.12a	30.5±3.47a	55.1±3.59a	—	—	—
		P0	18.3±3.71ab	19.0±4.57b	37.3±3.59bc	—	—	—
	S	P	—	—	—	6.35±1.47a	17.50±3.56a	23.90±1.12a
		P0	—	—	—	4.19±0.35bc	10.10±1.51b	14.30±1.25bc
雅安	M/S	P	21.5±7.62ab	24.9±0.33ab	46.4±7.64ab	4.72±1.10b	11.40±1.24b	16.10±2.77b
		P0	16.4±2.13b	20.1±3.09b	36.5±3.13bc	3.75±0.34c	8.11±1.45b	11.90±1.35c
	M	P	22.7±3.64ab	26.3±4.26ab	48.9±5.31ab	—	—	—
		P0	15.6±1.49b	19.4±0.59b	34.9±1.83c	—	—	—
	S	P	—	—	—	6.16±0.34a	15.40±1.07ab	21.50±3.21a
		P0	—	—	—	3.73±0.15c	9.25±1.07b	13.00±1.06c

注：±后面的数据是平均值的标准偏差。同一列中不同字母表示不同处理间在 $P<0.05$ 水平上差异显著。

在玉米—大豆套作模式下，与不施磷处理（P0）相比，施磷（P）处理的玉米磷素积累量在仁寿、乐至、雅安三地分别提高了 21.3%、22.2%、21.3%；在玉米单作模式下，与不施磷处理（P0）相比，施磷（P）处理的玉米磷素积累量在仁寿、乐至、雅安三地分别提高了 36.8%、32.3%、28.6%。在玉米—大豆套作模式下，与不施磷处理（P0）相比，施磷（P）处理的大豆磷素积累量在仁寿、乐至、雅安三地分别提高了27.8%、18.7%、26.3%；在大豆单作模式下，与不施磷处理（P0）相比，施磷（P）处理的大豆磷素积累量在仁寿、乐至、雅安三地分别提高了38.7%、40.2%、39.7%。

施磷（P）处理下，与玉米单作相比，玉米—大豆套作模式的玉米磷素积累量在仁寿、乐至、雅安三地分别降低了16.0%、13.7%、5.3%；不施磷（P0）处理下，与玉米单作相比，玉米—大豆套作模式的玉米磷素积累量在仁寿、乐至、雅安三地分别降低了−4.6%、0.8%、−4.5%。施磷（P）处理下，与大豆单作相比，玉米—大豆套作模式的大豆磷素积累量在仁寿、乐至、雅安三地分别降低了13.7%、21.1%、23.4%；不施磷（P0）处理下，与大豆单作相比，玉米—大豆套作模式的大豆磷素积累量在仁寿、乐至、雅安三地分别降低了−3.2%、2.9%、−0.5%。

（4）不同栽培模式下作物钾素积累量差异。

不同栽培模式下作物钾素积累量见表2.12。由表2.12可以看出，栽培模式及施肥水平对作物钾素的吸收均有显著影响。同一施肥水平下，玉米—大豆套作模式与玉米单作模式的玉米钾素积累量无显著差异；同一栽培模式下，不同施肥水平下，玉米钾素积累量表现为施磷（P）处理显著高于不施磷（P0）处理。施磷（P）处理下，大豆钾素积累量表现为大豆单作模式显著高于玉米—大豆套作模式；不施磷（P0）处理下，大豆单作模式与玉米—大豆套作模式的大豆钾素积累量无显著差异。大豆单作模式下，施磷（P）处理显著高于不施磷（P0）处理；玉米—大豆套作模式下，不同施肥处理下的大豆钾素积累量无显著差异。施肥水平对玉米钾素积累量影响较大，栽培模式对大豆钾素积累量影响较大。就玉米钾素积累量而言，三地均表现出M−P（M/S−P）>M/S−P0（M−P0）；就大豆钾素积累量而言，三地均呈现出S−P>M/S−P（M/S−P0）（S−P0），均呈现显著水平。

表 2.12　不同栽培模式下作物钾素积累量

地点	栽培模式	磷水平	玉米			大豆		
			秸秆钾素积累量(kg·ha^{-1})	籽粒钾素积累量(kg·ha^{-1})	合计(kg·ha^{-1})	秸秆钾素积累量(kg·ha^{-1})	籽粒钾素积累量(kg·ha^{-1})	合计(kg·ha^{-1})
仁寿	M/S	P	136±16.60b	31.1±5.68ab	167±14.60ab	22.7±1.97ab	24.5±1.92ab	47.1±1.52b
		P0	116±11.20c	25.7±3.00b	141±2.25bc	20.1±1.09ab	17.5±1.81ab	37.6±2.53bc
	M	P	148±8.25ab	35.3±3.83a	183±11.00ab	—	—	—
		P0	111±6.23c	25.6±2.54b	136±14.00c	—	—	—
	S	P	—	—	—	26.2±2.03a	34.5±2.72a	60.6±4.66a
		P0	—	—	—	19.0±3.10b	20.5±2.77ab	39.5±5.84bc
乐至	M/S	P	168±19.70a	32.9±2.10ab	201±21.7a	23.8±2.25ab	22.1±2.21ab	45.8±3.27b
		P0	121±12.90bc	24.9±3.78b	146±10.2b	19.5±2.96ab	17.4±4.13ab	36.9±3.66bc
	M	P	173±18.00a	35.3±4.42a	208±16.9a	—	—	—
		P0	129±19.90bc	24.5±3.37b	153±16.5b	—	—	—
	S	P	—	—	—	28.0±6.30a	30.1±2.78a	58.1±6.98a
		P0	—	—	—	21.7±1.74ab	17.4±2.76ab	39.1±4.21bc

续表

地点	栽培模式	磷水平	玉米			大豆		
			秸秆钾素积累量（kg·ha^{-1}）	籽粒钾素积累量（kg·ha^{-1}）	合计（kg·ha^{-1}）	秸秆钾素积累量（kg·ha^{-1}）	籽粒钾素积累量（kg·ha^{-1}）	合计（kg·ha^{-1}）
雅安	M/S	P	133±23.70b	29.2±3.79ab	162±19.90ab	22.2±2.03ab	19.7±1.40ab	42.0±2.16bc
		P0	106±16.40c	26.6±3.94b	133±13.00c	15.9±1.68b	15.1±1.70b	31.0±3.10c
	M	P	135±20.00b	33.5±1.57a	168±18.50ab	—	—	—
		P0	101±5.04c	26.7±3.44b	128±4.45c	—	—	—
	S	P	—	—	—	26.0±1.98a	27.8±1.32a	53.7±1.57a
		P0	—	—	—	17.3±3.29b	18.1±2.69ab	35.4±5.91bc

注：±后面的数据是平均值的标准偏差。同一列中不同字母表示不同处理间在 $P<0.05$ 水平上差异显著。

在玉米—大豆套作模式下，与不施磷（P0）处理相比，施磷（P）处理的玉米钾素积累量在仁寿、乐至、雅安三地分别提高了15.5%、27.6%、17.8%；在玉米单作模式下，与不施磷（P0）处理相比，施磷（P）处理的玉米钾素积累量在仁寿、乐至、雅安三地分别提高了25.5%、26.2%、24.0%。在玉米—大豆套作模式下，与不施磷（P0）处理相比，施磷（P）处理的大豆钾素积累量在仁寿、乐至、雅安三地分别提高了20.3%、19.4%、26.2%；在大豆单作模式下，与不施磷（P0）处理相比，施磷（P）处理的大豆钾素积累量在仁寿、乐至、雅安三地分别提高了34.8%、32.7%、34.1%。

施磷（P）处理下，与玉米单作相比，玉米—大豆套作模式的玉米钾素积累量在仁寿、乐至、雅安三地分别降低了8.5%、3.2%、3.9%；不施磷（P0）处理下，与玉米单作相比，玉米—大豆套作模式的玉米钾素积累量在仁寿、乐至、雅安三地分别降低了−3.6%、5.3%、−3.8%。施磷（P）处理下，与大豆单作相比，玉米—大豆套作模式的大豆钾素积累量在仁寿、乐至、雅安三地分别降低了22.2%、21.1%、21.9%；不施磷（P0）处理下，与大豆单作相比，玉米—大豆套作模式的大豆钾素积累量在仁寿、乐至、雅安三地分别降低了4.9%、5.5%、12.6%。

2.3.2 不同栽培模式下养分平衡状况分析

通常以系统养分产投比来分析系统的养分平衡状况，由于大豆可通过固氮根瘤增加氮输入，以气体挥发或随水淋溶等方式增加氮输出，情况较复杂，因此，本书从直观的不同栽培模式下养分的投入、与产出分析（表2.13）及实际能值投入产出（表2.4，表2.5，表2.6）来分析系统养分平衡状况。表2.13为投入的化肥养分与产出的养分比，可粗略预测系统养分的盈亏状态，其中不包含大豆生物固氮投入及氮损失部分。由表2.13可以看出，M/S模式下的N、P、K投入高于玉米、大豆单作模式。从产投比看，N、K产投比大多数大于1，P产投比小于1。

表2.13　不同栽培模式下养分的投入与产出分析

地点	栽培模式	磷水平	养分投入（$kg \cdot ha^{-1}$）			养分产出（$kg \cdot ha^{-1}$）			产投比		
			氮（N）	磷（P_2O_5）	钾（K_2O）	氮（N）	磷（P_2O_5）	钾（K_2O）	氮（N）	磷（P_2O_5）	钾（K_2O）
仁寿	M/S	P	240.0	168.0	165.0	449.0	62.9	215.0	1.87	0.37	1.30
		P0	240.0	0	165.0	331.0	48.3	179.0	1.38	—	1.08
	M	P	180.0	105.0	113.0	298.0	52.0	183.0	1.66	0.50	1.63
		P0	180.0	0	113.0	174.0	34.5	136.0	0.97	—	1.21
	S	P	60.0	63.0	52.5	268.0	24.2	60.6	4.46	0.38	1.15
		P0	60.0	0	52.5	151.0	14.9	39.5	2.51	—	0.75
乐至	M/S	P	240.0	168.0	165.0	471.0	64.7	247.0	1.96	0.39	1.50
		P0	240.0	0	165.0	357.0	51.0	183.0	1.49	—	1.11
	M	P	180.0	105.0	113.0	304.0	55.1	208.0	1.69	0.52	1.85
		P0	180.0	0	113.0	200.0	37.3	153.0	1.11	—	1.36
	S	P	60.0	63.0	52.5	262.0	23.9	58.1	4.36	0.38	1.11
		P0	60.0	0	52.5	169.0	14.3	39.1	2.82	—	0.74

续表

地点	栽培模式	磷水平	养分投入（$kg \cdot ha^{-1}$）			养分产出（$kg \cdot ha^{-1}$）			产投比		
			氮（N）	磷（P_2O_5）	钾（K_2O）	氮（N）	磷（P_2O_5）	钾（K_2O）	氮（N）	磷（P_2O_5）	钾（K_2O）
雅安	M/S	P	240.0	168.0	165.0	430.0	60.5	204.0	1.79	0.36	1.23
		P0	240.0	0	165.0	322.0	48.4	164.0	1.34	—	0.99
	M	P	180.0	105.0	113.0	280.0	48.9	168.0	1.55	0.47	1.50
		P0	180.0	0	113.0	182.0	34.9	128.0	1.01	—	1.14
	S	P	60.0	63.0	52.5	247.0	21.5	53.7	4.12	0.34	1.02
		P0	60.0	0	52.5	158.0	13.0	35.4	2.63	—	0.67

2.3.3　不同栽培模式下能值指标体系分析

2.3.3.1　能值投入产出结构分析

可更新环境资源能值（EmR）主要包括太阳能、风能、雨水化学能及势能。本书以作物生长周期为时间刻度，计算可更新环境资源能值，不同栽培模式下系统能值结构分析见表 2.14，其大小表现为 M/S−P（M/S−P0）>S−P（S−P0）>M−P（M−P0）。不可更新环境资源能值（*EmN*）为种植前后土壤养分的变化，其表现为 S−P0>M−P0>M−P>M/S−P0>S−P>M/S−P。不可更新工业辅助能（*EmU*）主要包括育苗膜、农药、化肥，其表现为 M/S−P>M/S−P0>M−P>M−P0>S−P>S−P0。可更新有机能（*EmO*）包括劳务、种子，其表现为 M/S−P>M/S−P0>M−P>M−P0>S−P>S−P0。总能值投入（*EmT*）表现为 M/S−P>M/S−P0>S−P>M−P>S−P0>M−P0。

表 2.14　不同栽培模式下系统能值结构分析

项目	M/S−P	M/S−P0	M−P	M−P0	S−P	S−P0
可更新环境资源能值 *EmR*（10^{13} sej）	4.96	4.96	2.97	2.97	3.73	3.73
不可更新环境资源能值 *EmN*（10^{7} sej）	−1.99	−0.84	2.05	3.01	−1.68	4.62
环境输入能值 $EmI=EmR+EmN$（10^{13} sej）	4.96	4.96	2.97	2.97	3.73	3.73

续表

项目	M/S−P	M/S−P0	M−P	M−P0	S−P	S−P0
不可更新工业辅助能 *EmU*（10^8 sej）	2.79	2.47	1.92	1.72	0.91	0.79
可更新有机能能值 *EmO*（10^{13} sej）	2.91	2.85	2.39	2.35	1.65	1.60
购买能值 $Em2=EmU+EmO$（10^{13} sej）	2.91	2.85	2.39	2.35	1.65	1.60
总能值投入 $EmT=Em1+Em2$（10^{13} sej）	7.87	7.81	5.36	5.32	5.38	5.33
籽粒能值产出 EmY_1（10^8 sej）	1.51	1.29	0.65	0.55	1.25	0.80
秸秆能值产出 EmY_2（10^7 sej）	3.47	3.01	3.27	2.67	4.32	3.11
总能值产出 $EmY=EmY_1+EmY_2$（10^8 sej）	1.86	1.59	0.97	0.82	1.68	1.11

系统总能值产出包括籽粒能值产出及秸秆能值产出，系统总能值产出表现为M/S−P>S−P>M/S−P0>S−P0>M−P>M−P0。施磷（P）处理下，套作模式总能值产出分别比玉米单作模式、大豆单作模式高出47.8%、9.7%；不施磷（P0）处理下，套作模式总能值产出分别比玉米单作模式、大豆单作模式高出41.4%、30.2%。与不施磷（P0）处理相比，施磷处理使玉米—大豆套作、玉米单作、大豆单作总能值产出分别提高了14.5%、15.5%、33.9%。施磷（P）处理下，总能值产出表现为M/S>S>M。与施磷（P）处理相比，不施磷（P0）处理降低了各栽培模式下的总能值产出。

2.3.3.2 能值指标分析

能值产出率能表现系统竞争优势，不同栽培模式下系统能值指标分析见表2.15。由表2.15可以看出，能值产出率表现为：S−P0>S−P>M/S−P0>M/S−P>M−P0>M−P。能值投入率表现为：M−P>M−P0>M/S−P>M/S−P0>S−P>S−P0。能值自给率表现为：S−P0>S−P>M/S−P0(M/S−P)>M−P0>M−P。能值投入密度为单位面积上能值投入量，表现为：M/S−P>M/S−P0>S−P>M−P>S−P0>M−P0。能值产投比表现为：S−P>M/S−P>S−P0>M/S−P0>M−P>M−P0。能值—劳动生产率为总能值产出与劳动时间的比值，其值表现为：S−P>S−P0>M/S−P>M/S−P0>M−P>M−P0。

表2.15 不同栽培模式下系统能值指标分析

项目	M/S—P	M/S—P0	M—P	M—P0	S—P	S—P0
能值产出率 *EYR*	2.71	2.74	2.24	2.26	3.26	3.33
能值投入率 *EIR*	0.59	0.58	0.81	0.79	0.44	0.43
能值自给率 *ESR*	0.63	0.63	0.55	0.56	0.69	0.70
能值投入密度 *EID*（10^{13} sej/m^2）	7.87	7.81	5.36	5.32	5.38	5.33
能值产投比 *EioR*（10^{-6}）	2.36	2.03	1.82	1.53	3.13	2.09
能值—劳动生产率 *ELP*（10^4）	6.16	5.43	4.05	3.39	10.12	6.70
环境负载率 *ELR*	0.59	0.58	0.81	0.79	0.44	0.43
能值可持续发展指数 *ESI*	4.61	4.76	2.78	2.86	7.37	7.77
宏观经济价值 *MEV*（10^{-5} \$）	1.25	1.07	0.65	0.55	1.13	0.77
系统生产优势度 *c*	0.70	0.69	0.55	0.56	0.62	0.60
系统稳定性指数 *s*	−0.48	−0.49	−0.64	−0.63	−0.57	−0.59

环境负载率表征系统对环境的压力状况，其值越大，压力越大。几种栽培模式下其环境负载率表现为：M—P>M—P0>M/S—P>M/S—P0>S—P>S—P0。能值可持续发展指数表征系统的发展活力，表现为：S—P0>S—P>M/S—P0>M/S—P>M—P0>M—P。

宏观经济价值反映了产品理论上的经济价值，其值表现为：M/S—P>S—P>M/S—P0>S—P0>M—P>M—P0。系统生产优势度反映系统结构总体的生产单元均衡性，其值表现为：M/S—P>M/S—P0>S—P>S—P0>M—P0>M—P。系统稳定性指数表示系统生产稳定性，其值越大，表明系统物质流、能量流连接网络发达，系统趋于稳定，其值表现为：M/S—P>M/S—P0>S—P>S—P0>M—P0>M—P。

2.4 讨论

2.4.1 不同栽培模式下作物产量、干物质积累量差异

玉米—大豆套作模式在三个试验点两种施肥水平下其 *LER* 均大于1，这表明无论施磷与否，玉米—大豆套作模式均表现为套作优势，这与前人的研究结果一致，套作体系延长了光合作用的时长，为总体产量的增加奠定了基础。其中，不施磷处理下其 *LER* 值显著高于施磷处理，这可能是因为套作系统在

缺磷的条件下，能大大促进大豆固氮，并刺激根系活化难溶性磷。

本书研究表明，增施磷肥有助于作物产量的提高。在同一栽培模式下，与不施磷处理相比，施磷处理下玉米—大豆套作模式的玉米产量无显著差异，而玉米单作模式的玉米产量显著高于不施磷处理；施磷处理下玉米—大豆套作模式的大豆产量并无显著差异，而大豆单作模式的大豆产量显著高于不施磷处理。不施磷处理下，玉米—大豆套作、玉米单作、大豆单作模式下的玉米产量、大豆产量均出现下降的趋势，但玉米单作、大豆单作模式的下降百分比均高于玉米—大豆套作模式。这表明，玉米—大豆套作模式在缺乏磷的状况下能缓解土壤磷素的缺乏，具有挖掘土壤难溶性磷的潜力，促进作物对磷素的吸收，保证作物产量，这可能是因为大豆根系的分泌物能活化难溶性磷，提高根际土壤磷素有效性，促进作物对磷素的吸收。Mei 等研究发现，玉米/大豆间套作在中等施磷处理下，能够促进大豆固氮，提高磷肥利用率，以达到增产的效果。与单作模式相比，套作模式具有能活化难溶性磷的特点，提高作物养分利用效率。本书研究发现，在施磷处理下，与单作模式相比，玉米—大豆套作模式下的玉米、大豆产量均降低，其降低幅度均高于不施磷处理。玉米—大豆套作模式的优势更显著，这表明在一定程度上套作模式能够缓解磷素缺乏。

无论是否施磷肥，玉米—大豆套作模式和玉米单作模式的玉米产量并无显著差异；而在施磷处理下，玉米—大豆套作模式的大豆产量显著低于大豆单作的大豆产量。在不施磷处理下，玉米—大豆套作模式与大豆单作模式的大豆产量并无显著差异。由此可见，在同一施磷条件下，栽培模式对玉米产量的影响不大，而对大豆产量有较大的影响。玉米与大豆套作，玉米由于生物量较大豆大，占主导地位，共生期间由于大豆处于荫蔽环境，对其生长具有较强的抑制作用，可通过调节宽窄行以减少荫蔽环境对大豆的影响。荫蔽环境主要影响大豆有效株数及单株粒数，这是由于在荫蔽环境下，大豆苗期大豆的死亡率及倒伏率较高。同一栽培模式下，施肥与否对大豆有效株数及单株粒数的影响无显著差异；同一栽培模式下，玉米单作模式的穗粒数表现为施磷处理显著高于不施磷处理，而套作模式并无较大影响。粒重与作物基因有密切的联系，施肥水平及栽培模式对其影响均无差异。干物质积累量表现出与作物产量相同的趋势。

2.4.2　不同栽培模式下作物养分积累量差异

植物作为生产者，通过光合作用将无机碳转化为自身的有机物质，部分物质在植物生命周期内通过根系转移至土壤中，植物残体又归还于土壤，形成碳素小循环。作物碳含量的高低可反映作物生产力及农田生态系统的固持碳素能力。本书研究表明，施磷处理下，玉米—大豆套作模式的玉米、大豆碳含量较玉米单作、大豆单作模式均有所下降；而不施磷处理下，玉米—大豆套作模式下的玉米、大豆碳含量较玉米单作、大豆单作模式有部分增加或部分降低，且其降低幅度小于玉米—大豆套作模式。这表明，与单作模式相比，玉米—大豆套作模式具有较高的碳含量，且套作模式在缺磷的状况下能促进作物对养分的吸收，增加作物对碳的截获量。氮、磷、钾均表现出相同的趋势。

研究表明，大豆与高粱间作，小麦、玉米、大豆套作，均能通过根系分泌有机酸、降低土壤 pH 的方式，提高系统对氮素的吸收量。研究表明，玉米、大豆套作系统下作物可通过增加根系分泌酸、改变根系形态及分布、根间菌桥等方式，增加作物磷素积累量。玉米—大豆套作模式在养分积累量上显著高于玉米单作模式、大豆单作模式，这为其高产奠定了物质基础，这除了与套作模式下作物对养分吸收利用机理有关，还与其较长的光周期及较大的有效光合面积有关。较长的光周期与较大的有效光合面积为系统截获更多的二氧化碳及光资源提供了可能。截获的碳一部分用于植物有机质的形成，另一部分由根系分泌至土壤，研究表明，土壤碳的增加对维持土壤肥力有促进作用。苏本营等研究表明，玉米—大豆套作系统下，系统截获碳的能力比玉米单作、大豆单作系统高 23.9％、217.6％。作物地上部养分的增加也能促进土壤肥力的增加，二者相辅相成，为保证土地产出提供了有利条件。

2.4.3　不同栽培模式下土壤养分平衡分析

氮、磷、钾作为构成作物生命的基本元素，除了部分氮素可以从大气中获得，大部分氮素及全部磷钾矿质元素都需通过土壤获得。因此，土壤肥力的供应能力与植物需肥量及施肥量之间的相互关系是保证作物产量及可持续发展的关键。通常以产投比来表示系统养分的平衡状况，产投比小于 1，表明系统养分出现盈余，养分能够维持作物生长，反之则不能。由于存在长期的盈余，随着种植年限推进，养分积累会逐年增加，而过多的养分累积到土壤不仅会造成产品品质及产量下降，还会带来水体污染。研究表明，农田氮磷流失是面源污染的主要来源之一。因此，我们需要根据作物需肥特性及土壤实际养分状况确定肥料施用量，以保持养分输入与输出基本持平。农田生态系统氮、磷、钾养分的输入与输出平衡是保证农田生态系统可持续稳定发展的前提。本书研究表明，通过田间养分输入及输出比较可知，玉米—大豆套作模式下的土壤氮、钾处于亏损状态，仅磷表现为盈余，而通过种植前后土样养分损失可知，玉米—大豆套作模式在两种施肥水平下氮、磷、钾均表现为负值，这可能是由于玉米—大豆套作系统可通过作物根系活化土壤中的养分，并通过大豆生物固氮、大气沉降或套作系统固持水土及养分，降低养分损失，以维持土壤氮、钾素的存量。若长期如此，钾素得不到外界补充且产投比大于1，将出现亏损。而关于氮素平衡，还需要根据估算大豆固氮量及氮素损失量进一步进行研究。就此，笔者认为玉米—大豆套作模式需要注意增加钾肥投入，适当减少磷肥投入。玉米单作模式下氮、钾产投比大于1，磷小于1，而土壤养分损失也表现为氮、钾为正值，磷为负值，二者结果一致，即玉米单作模式下氮、钾处于亏损，而磷处于盈余状态；大豆单作模式下氮、钾产投比大于1，磷小于1，土壤养分损失表现为钾为正值，磷为负值，即钾处于亏损状态，氮、磷处于盈余状态，这与大豆的生物固氮作用有关。

2.4.4 不同栽培模式下能值指标体系分析

2.4.4.1 不同栽培模式下系统投入产出分析

土壤是农业系统可持续发展的前提，土壤碳、氮、磷、钾元素对农业系统可持续发展具有十分重要的意义。不可更新环境资源能值投入主要为种植前后土壤养分损失的差异，由表2.14可以看出，玉米—大豆套作系统在两种施肥模式下其EmN值均为负值，这表明种植后套作系统土壤养分有所增加，由此可见，与单作系统相比，套作系统能培肥土壤，降低系统的本地资源消耗，维持发展潜力。玉米单作模式在两种施肥水平下均表现为土壤养分亏损；大豆单作模式在施磷处理下，其EmN值为负值，不施磷处理下为正值。同一施肥水平下，可更新环境资源能值投入表现为M/S>S>M，购买能值投入表现为M/S>M>S，其中，大豆具有较高的可更新环境资源能值投入，玉米具有较高的购买能值投入，玉米对外部投入资源更大，对资源开发程度更大。与施磷处理相比，不施磷处理降低了购买能值投入，其中主要包括磷肥及劳务投入。

2.4.4.2　不同栽培模式下能值指标分析

同一施肥水平下，系统能值产出率表现为 S>M/S>M，可见，与玉米相比，大豆具有较高的能值产出率，具有较大的竞争优势，玉米—大豆套作模式能值产出率介于二者之间。与施磷处理相比，不施磷处理能提高系统能值产出率，增加系统竞争优势。同一施肥水平下，系统能值投入率表现为 M>M/S>S，这表明，与玉米相比，大豆具有较低的能值投入率，其对环境压力较小，这也表明大豆不占据系统主导地位，对系统环境资源开发较低，不利于发展。与施磷处理相比，不施磷处理能减少系统能值投入率。能值自给率与能值投入率的趋势相反。能值投入密度表现为 M/S>S>M，不施磷处理能降低能值投入量，从而减少能值投入密度。能值产投比表征系统产出效率，同一施肥水平下，不同栽培模式的能值产投比表现为 S>M/S>M，这表明，大豆产出效益高于玉米，因此可适当提高玉米—大豆套作系统的大豆种植面积或密度，这有利于提高系统效益，同时提高玉米种植密度，也可降低荫蔽环境对大豆的影响。不施磷处理降低了系统能值产投比，这表明，减少磷肥的施用从能值成本角度而言并不能增加作物产出，因此，本书研究中不施磷肥不是最优的施肥方式。同一施肥水平下，能值劳动生产率表现为 S>M/S>M，这表明，大豆在一定的劳动投入下能获得较多的能值产出。不施磷处理降低了其能值劳动生产率，可见从能值角度出发，少投入的劳动成本小于因少投入的劳动成本而增加的能值回报。由此可知，从能值角度出发，大豆具有较高的能值产出率、能值产投比，是较理想的栽培作物，因此，玉米—大豆套作模式可适当增加大豆的种植密度或面积、降低玉米的种植密度或面积，以实现套作模式效益最大化。

农田生态系统是开放度最大的生态系统，即人为干扰作用较大。研究表明，适当减少人为干扰作用可增加土壤固碳能力，减少水分损失，促进外部可更新资源投入的增加，同时降低可更新有机能值输入。Alan 研究表明，与传统耕作相比，免耕可减少土壤干扰及土壤侵蚀，降低有机碳矿化分解率，提升土壤碳氮含量。牟丽明等研究表明，免耕+秸秆覆盖不仅能增产，还能减少物质及能量投入，达到生态经济效益最优状态。大量研究表明，秸秆还田能降低系统对不可更新工业能源的依赖，以减小环境负荷，其主要原因是秸秆还田增加了土壤养分的来源，提高了土壤肥力，以达到增产增收的目的。因此，笔者认为，本书的研究模式可适当减少种植前后对土壤的耕作次数或耕层深度或实施秸秆还田，这不仅可以降低人工投入成本，提高经济效益，还可降低外部资源投入及环境负载率，提高可持续发展潜力。

研究表明，环境负载率小于3，环境承受压力小，对系统能值利用强度低。同一施肥水平下，环境负载率表现为M>M/S>S，由此可见，大豆单作模式的环境负载率低于玉米单作模式，玉米—大豆套作模式介于二者之间。与施磷处理相比，不施磷处理能降低系统对环境的压力。研究表明，可持续发展指数在1～10之间，其发展具有活力。本研究的3种模式的可持续发展指数值为2～7，介于1～10之间，表明3种栽培模式均有较高的潜力。同一施肥水平下，可持续发展指数表现为S>M/S>M，不施磷处理能够提高系统的可持续发展指数。由土壤损失能值可知，套作模式下的本地环境资源能值均为负值，在这种施肥及种植模式下，其土壤养分能值并未减少，则可考虑适当减少磷肥投入，以降低环境负载率，提高可持续发展指数。

农业生态系统是生态与经济的复合系统，农业经济价值是系统生产最核心的部分。农田生产往往通过各种技术研究手段，使生产的效益最大化。同一施肥水平下，宏观经济指数表现为M/S>S>M，这表明，玉米—大豆套作模式具有更高的经济价值，从经济价值角度而言是较优的栽培模式。在不施磷处理下，其产量相应降低，从而降低其经济价值。同一施肥水平下，系统生产优势度、系统稳定性指数均表现为M/S>S>M，这表明玉米—大豆套作模式下其生产均衡性、系统稳定性更强，不施磷处理会导致二者降低。

2.5　本章小结

（1）与单作相比，玉米—大豆套作模式具有提高土地当量比，提高系统产出的优势。与玉米单作模式相比，玉米—大豆套作模式下玉米产量、干物质及养分积累量有所降低，但差异不显著，大豆产量、干物质及养分积累量显著低于大豆单作模式。不施磷处理下提高了土地当量比，套作优势更显著，但降低了系统产出。与大豆单作模式相比，玉米—大豆套作模式下大豆有效株数及单株粒数显著降低，与玉米单作模式相比，玉米—大豆套作模式下玉米产量构成因子均无显著差异。

（2）玉米—大豆套作模式下土壤氮、磷、钾素均表现为盈余状态；玉米单作模式下土壤氮、钾素处于亏损状态，磷素处于盈余状态；大豆单作模式下土壤钾素处于亏损状态，氮、磷处于盈余状态。玉米—大豆套作模式需要注意适时增加钾投入，减少磷肥投入。与单作模式相比，玉米—大豆套作模式可通过提高截获碳能力，增加田间归还量，减少氮、磷养分及水土流失等途径以培肥土壤。

（3）与玉米相比，大豆具有较高的能值产出率、较低的能值投入率、较高的能值自给率、较高的产投比、较高的能值劳动生产率、较低的环境负载率、较高的可持续发展指数，从能值角度而言，是优良的生产作物；大豆在系统不具主导地位，具有较低的环境资源开发度。与不施磷处理相比，施磷处理降低了能值产出率，增加了能值投入率，增加了能值投入密度，增加了能值产投比，增加了能值劳动生产率，增加了环境负载率，降低了可持续发展指数，施磷处理增加了其宏观经济价值，降低了系统生产优势度及系统稳定性指数。

（4）与单作模式相比，玉米—大豆套作模式可降低本地不可更新资源能值输入。玉米—大豆套作模式具有较高的能值产出量、宏观经济价值、系统生产优势度、系统稳定性指数，从经济价值方面来说，是最优的栽培模式。为优化玉米—大豆套作模式，可通过适当减少磷肥投入或配以有机肥及其他形式磷肥施用，减少耕作次数或耕层深度，降低玉米种植面积或密度，提高大豆种植面积或密度的方式，降低环境负载率，提高可持续发展指数。

第3章　玉米—大豆套作系统作物磷吸收及根际土磷形态有效性

用经济高效的方式增加单位面积作物的产量，依靠间套作复合种植系统是目前缓解粮食安全、保持土地可持续发展的重要方式。间套作种植系统对农业生态系统保持生物多样性起着巨大的作用，是生态农业研究与发展的主要方向之一。研究表明，玉米—大豆带状复合种植模式能有效实现土地的用养结合和养分互补，已成为生产上主要的套作模式。

磷是不可再生的矿质资源，因此在农业生产中应合理施磷，提高磷素的利用率。根际是植物根周围的特殊生态微域，受土壤和微生物等因素的影响。磷在土壤中的扩散系数很小，保持根区土壤适当的磷水平能使植物根系最大限度地活化和利用根际土壤磷。玉米和大豆是我国主要的粮饲作物，然而玉米—大豆套作模式下作物根际土壤磷的有效性尚缺乏系统研究，这种套作模式是否有利于作物对土壤磷的利用及土壤各形态磷转化的驱动机制有待于进一步研究。为此，本书以四川紫色土区域的典型旱耕地农田生态系统为研究对象，采用田间试验和根箱试验相结合的方法来研究套作模式下玉米和大豆根际土壤磷形态及有效性，为提高土壤磷利用率，发展西南地区优良的种植模式提供理论依据。

3.1　研究方案

3.1.1　研究目标与研究内容

本书研究将田间试验和根箱试验相结合，分析玉米—大豆套作、玉米单作、大豆单作 3 种种植模式下及套作模式下 3 种施磷处理下的玉米和大豆植株地上部干物质量、地上部磷积累量、土壤磷素各组分含量及土壤磷酸酶活性的变化情况，以期揭示玉米—大豆套作种植模式下作物根际各形态磷有效性及其转化机制。

3.1.2　技术路线

图 3.1 为研究技术路线图。

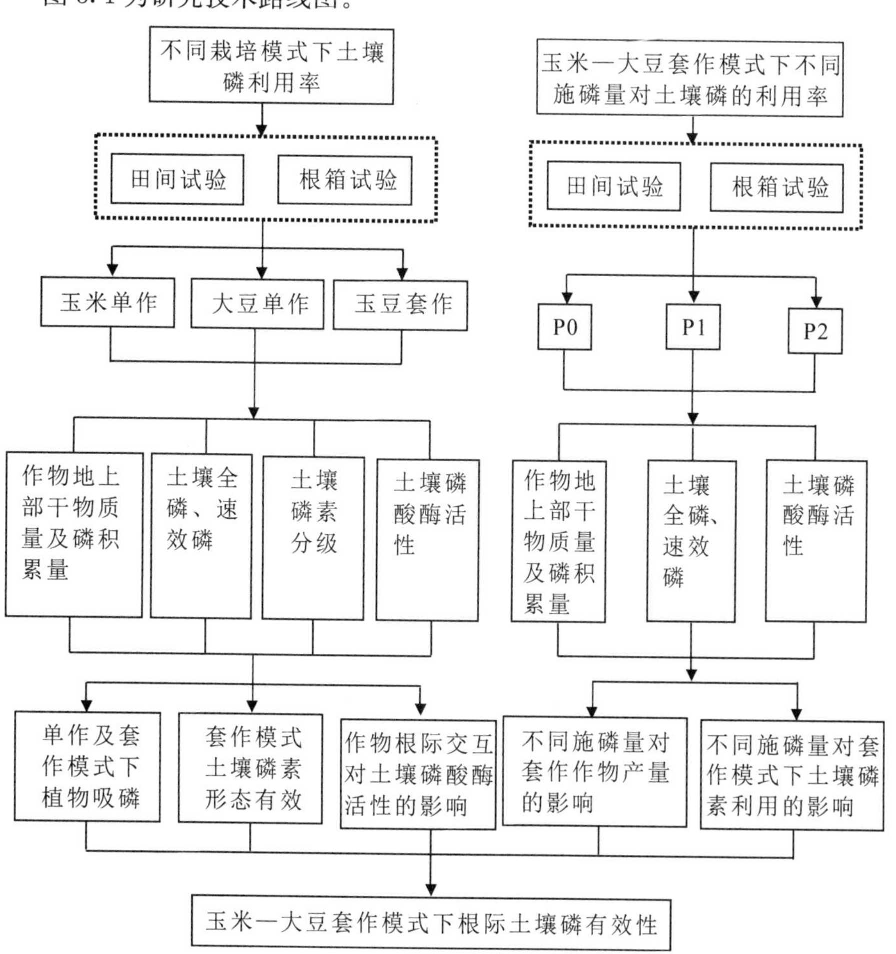

图 3.1　研究技术路线图

注：P0 代表不施磷，P1 代表仅玉米施磷，P2 代表玉米大豆均施磷。

3.2 材料与方法

3.2.1 试验地概况

本书研究是将田间试验与根箱试验相结合，田间试验位于雅安市四川农业大学教学实验农场（103°01′46″E，29°54′02″N），处于亚热带湿润季风气候区，年平均温度14.1℃～17.9℃，多年平均降雨量1750 mm，多年平均日照时数1020 h，多年平均无霜期为300天，昼夜温差小，气候温和。

根箱试验设置于成都市农林科学院，该区属于亚热带季风气候，四季分明。平均气温15.9℃。平均降雨量972 mm，平均日照时间1168 h，平均相对湿度84%。供试土壤的基础肥力状况见表3.1。

表3.1 供试土壤的基础肥力状况

处理	全磷(g/kg)	全氮(g/kg)	全钾(g/kg)	速效磷(mg/kg)	速效氮(mg/kg)	速效钾(mg/kg)	pH	有机质(g/kg)
根箱试验土壤	0.75	1.00	17.3	6.5	9.9	17.4	7.37	0.27
田间试验土壤	0.98	1.04	15.0	18.8	16.4	92.8	6.60	16.90

3.2.2 供试材料

田间试验的指示作物为玉米（品种为登海605，株型为紧凑型，春播，全生育期109天左右）和大豆（品种为南豆12，株型收敛，耐荫性较好，有限结荚习性，中迟熟，夏播生育期140～150天），供试土壤为紫色土，土壤质地为黏壤土。

根箱试验采用PVC材质，长100 cm，宽38 cm，高100 cm。每箱装土500 kg。指示作物为：玉米品种为登海605，大豆品种为南豆12。

3.2.3 试验设计

3.2.3.1 田间试验

（1）田间试验一。

试验为定位试验，开始于2012年，本次试验于2014年进行。试验设置玉米—

大豆套作、玉米单作、大豆单作三个处理，三次重复，小区面积为36 m^2。

套作处理，带宽2 m，宽窄行2∶2种植，玉米宽行160 cm，玉米窄行40 cm，玉米、大豆间距60 cm，玉米、大豆穴距均为17 cm，在距玉米或大豆5 cm处开沟施肥。玉米单作，行距100 cm（传统种植），穴距17 cm。大豆单作，行距50 cm，穴距34 cm。单作处理的施肥方式与套作处理一致。玉米所需氮肥分底肥和大喇叭口期追肥（4∶6）分别进行施用，磷钾肥于播种时一次性施肥。大豆播种时按各个处理要求对氮磷钾肥一次性施用。玉米每穴单株，密度为3900株/亩，大豆每穴双株，密度为7800株/亩。每亩玉米的施肥量为纯氮12 kg（底肥∶追肥＝4∶6）、P_2O_5 7 kg、K_2O 7.5kg，每亩大豆施肥量为纯氮4 kg、P_2O_5 4.2 kg、K_2O 3.5 kg。

（2）田间试验二。

试验为定位试验，开始于2014年。试验设置玉米—大豆套作不施磷（M/S—P0）、玉米—大豆套作仅玉米施磷（M/S—P1）、玉米—大豆套作玉米大豆均施磷（M/S—P2）三个处理，三次重复。玉米—大豆套作不施磷处理表示小区内不施磷肥，氮肥、钾肥施用量和施肥时间与田间试验一保持一致。玉米—大豆套作仅玉米施磷处理表示小区内只给玉米施加磷肥，大豆则不施磷肥，氮肥、钾肥施用量和施肥时间与田间试验一保持一致。玉米—大豆套作玉米大豆均施磷表示氮磷钾全量施肥，施用量和施肥时间与田间试验一保持一致。

3.2.3.2　根箱试验

根箱试验的目的是通过根箱土培试验模拟田间玉米—大豆套作实际间距，进一步深入定量研究玉米—大豆套作种植模式下种间交互作用对土壤磷素养分的吸收利用规律。

（1）根箱试验一。

根箱试验于2014年进行，设置了三种栽培模式：玉米单作、大豆单作、玉米—大豆套作。

玉米单作，每箱种2行玉米，行距40 cm，每行2穴，每穴单株，即每箱4株玉米。大豆单作，每箱种2行大豆，行距40 cm，每行2穴，每穴双株，即每箱8株大豆。玉米—大豆套作，玉米和大豆的间距60 cm，每个根箱种2株玉米、4株大豆。所有根箱中每行大豆或玉米的穴距均为17 cm。根箱各处理施肥量依据大田施肥量折算出每株作物需求量，分别于玉米和大豆播种时施用，分别在玉米和大豆行间距玉米或大豆5 cm处分作物进行施肥。

(2) 根箱试验二。

单因素设计 3 个施磷水平，分别为不施磷（P0）、按大田玉米施磷量（P1）、按大田玉米大豆总施磷量（P2），栽培模式为玉米—大豆套作。玉米和大豆的间距 60 cm，即每个根箱种 2 株玉米、4 株大豆；所有根箱中每行大豆或玉米的穴距均为 17 cm。3 个处理，12 次重复，总计 36 个根箱。

玉米—大豆套作处理，施肥方式与根箱试验一保持一致。根箱各处理施肥量依据大田施肥量折算出每株作物需求量施用。

3.2.4 样品采集

3.2.4.1 植株样品采集

田间试验分别于作物成熟期在每个小区选取 5 株植物样；根箱试验，玉米分别于灌浆期和成熟期进行采样，大豆分别于分枝期和成熟期进行采样。将采集的植株样于 105℃杀青 30 min，再将温度降至 80℃烘干至恒重，称重，粉碎，过筛装袋备用。

3.2.4.2 土壤样品采集

取植株样时，将根系从土壤中整体挖出，先轻轻抖动去掉松散附着在根系上的土壤作为非根际土壤，然后用经火焰灭菌的镊子刮取黏附在根上的（<10 mm）土壤作为根际土壤。土样风干、研磨、过筛后备用。

3.2.5 测定项目与方法

3.2.5.1 植物样品

田间试验于玉米和大豆成熟期，田间调查玉米有效穗数和大豆有效株数，随机选择有代表性的 6 株玉米和 20 株大豆风干后测定玉米穗粒数、千粒重，大豆单株荚数、荚粒数、百粒重。根箱试验的玉米和大豆按各生育期分秸秆和籽粒进行采集，成熟期测产。将粉碎过筛后的秸秆和籽粒用 H_2SO_4—H_2O_2消煮，采用钼蓝比色法测定植株磷含量。

3.2.5.2 土壤样品

土壤 pH、全磷、速效磷的测定：pH 采用 5∶1 的水土比悬液，用 pH 计测定；全磷采用硫酸—高氯酸—钼锑抗比色法测定；速效磷采用 Olsen 法（即

0.5 mol · L^{-1} $NaHCO_3$浸提—钼锑抗比色法）。土壤磷酸酶活性采用对硝基苯磷酸二钠法，以 24 h 后每克土产生酚的毫克数表示。采用 Sui 等于 1999 年修正后的磷素分级方法，根据不同浸提剂和处理方法将土壤磷素分为水溶性磷（H_2O－Pi），0.5 mol/L $NaHCO_3$ 提取的 $NaHCO_3$－Pi、$NaHCO_3$－Po，0.1 mol/L NaOH 提取的 NaOH－Pi、NaOH－Po，1 mol/L HCl 提取的 HCl－Pi，H_2SO_4和 H_2O_2消煮后的 Residual－P。

3.2.6 数据处理

利用 Excel 2007 和 SPSS 17.0 软件进行数据处理及相关统计分析。

3.3 结果与分析

3.3.1 不同栽培模式对土壤磷素利用的影响

3.3.1.1 不同栽培模式下作物秸秆和籽粒产量

不同栽培模式下玉米、大豆秸秆生物量和籽粒产量见表 3.2。由表 3.2 可知，在玉米成熟期，栽培模式对玉米秸秆和籽粒产量的影响不显著。在大豆成熟期，大豆单作模式下大豆的秸秆产量显著高于玉米—大豆套作模式下的秸秆产量，但 M/S 和 S 两种种植模式下的籽粒产量无显著差异。

表 3.2　不同栽培模式下玉米、大豆秸秆生物量和籽粒产量

栽培模式	玉米		大豆	
	秸秆产量（kg · ha^{-1}）	籽粒产量（kg · ha^{-1}）	秸秆产量（kg · ha^{-1}）	籽粒产量（kg · ha^{-1}）
M/S	6561±382a	7523±457a	651±22.0b	823±112a
M	6924±645a	8222±290a	—	—
S	—	—	1582±545.0a	1045±213a

注：M/S 为玉米/大豆套作，M 为玉米单作，S 为大豆单作；同列中不同字母表示不同处理间差异达 0.05 显著水平。

3.3.1.2 不同栽培模式下作物地上部磷积累量

不同栽培模式下玉米、大豆地上部磷积累量见表 3.3。由表 3.3 可知，玉米成熟期，M/S 模式的玉米秸秆磷积累量显著高于 M 模式。M/S 和 M 模式的玉米的籽粒磷积累量差异不显著。两个种植模式的玉米地上部总的磷积累量也表现为 M/S 模式显著高于 M 模式，M/S 模式玉米地上部磷积累量比 M 模式高 3.1%。大豆成熟期，S 模式的大豆秸秆磷积累量显著高于 M/S 模式，大豆籽粒磷积累量无显著差异。大豆地上部总的磷积累量表现为 S 模式显著高于 M/S 模式，S 模式大豆地上部磷积累量比 M/S 模式高 64.4%。

表 3.3　不同栽培模式下玉米、大豆地上部磷积累量

栽培模式	玉米			大豆		
	秸秆磷积累量 ($kg \cdot ha^{-1}$)	籽粒磷积累量 ($kg \cdot ha^{-1}$)	总计 ($kg \cdot ha^{-1}$)	秸秆磷积累量 ($kg \cdot ha^{-1}$)	籽粒磷积累量 ($kg \cdot ha^{-1}$)	总计 ($kg \cdot ha^{-1}$)
M/S	19.5±1.65a	23.6±2.25a	43.1±0.66a	2.18±0.10b	7.36±0.33a	9.55±0.43b
M	17.2±0.37b	24.7±0.44a	41.8±0.42b	—	—	—
S	—	—	—	6.57±1.68a	9.12±1.63a	15.7±2.32a

注：±后面的数据是平均值的标准偏差。同一列中不同字母表示不同处理间在 $P<0.05$ 水平上差异显著。

3.3.1.3　不同栽培模式下土壤全磷、速效磷含量

不同栽培模式下作物根际与非根标土壤全磷含量见表 3.4。由表 3.4 可知，玉米成熟期，M/S 和 M 模式下玉米根际与非根际土壤全磷含量差异显著。M/S 模式的玉米根际土壤全磷含量显著高于 M 模式。大豆成熟期，M/S 和 S 模式下大豆根际与非根际土壤全磷含量差异显著。M/S 模式的大豆根际与非根际土壤全磷含量显著高于 S 模式。

表 3.4　不同栽培模式下作物根际与非根际土壤全磷含量

栽培模式	土壤	玉米 ($g \cdot kg^{-1}$)	大豆 ($g \cdot kg^{-1}$)
M/S	R	0.79±0.02a	0.74±0.009b
	NR	0.70±0.06b	0.84±0.040a
M	R	0.73±0.01b	—
	NR	0.82±0.05a	—
S	R	—	0.66±0.030c
	NR	—	0.56±0.030d

注：R——根际，NR——非根际；同列中不同字母表示处理间差异达 0.05 显著水平。

不同栽培模式下作物根际与非根际土壤速效磷含量见表 3.5。由表 3.5 可

知，玉米成熟期，M/S 模式的玉米根际土壤速效磷含量低于非根际，M 模式的玉米根际与非根际间的土壤速效磷含量差异不显著。根际土壤速效磷含量表现为 M 模式显著高于 M/S 模式。大豆成熟期，M/S 模式下玉米根际与非根际间土壤速效磷含量差异显著。M/S 和 S 模式下玉米根际与非根际土壤速效磷含量无显著差异。

表 3.5　**不同栽培模式下作物根际与非根际土壤速效磷含量**

栽培模式	土壤	玉米（$mg \cdot kg^{-1}$）	大豆（$mg \cdot kg^{-1}$）
M/S	R	23.5±1.24b	25.8±2.79b
	NR	27.9±1.35a	32.7±2.01a
MM	R	27.7±1.99a	—
	NR	29.4±1.32a	—
SS	R	—	25.2±1.44b
	NR	—	29.2±2.78ab

注：R——根际，NR——非根际；同列中不同字母表示处理间差异达 0.05 显著水平。

3.3.1.4　不同栽培模式对土壤磷组分的影响

（1）不同栽培模式对玉米根际与非根际土壤磷组分的影响。

图 3.2 为不同栽培模式下大田玉米成熟期根际与非根标土壤 H_2O-Pi 含量。由图 3.2 可知，两种栽培模式的玉米根际土壤 H_2O-Pi 含量均低于非根际土壤，但差异不显著。玉米非根际土壤 H_2O-Pi 含量表现为 M/S 模式显著低于 M 模式。M 模式的玉米根际与非根际土壤 H_2O-Pi 含量分别是 M/S 模式的 1.16 和 1.15 倍，这说明套作系统相对于单作系统更有利于玉米对水溶性磷的吸收。

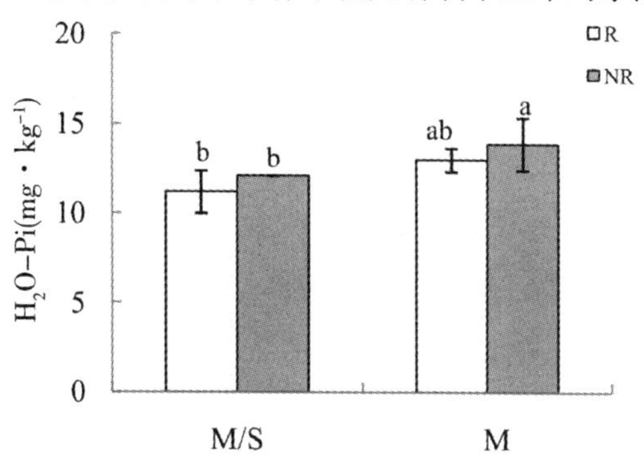

图 3.2　**不同栽培模式下大田玉米成熟期根际与非根际土壤** H_2O-Pi **含量**

注：同一柱状图不同字母表示差异显著（$P<0.05$）。

图 3.3 为不同栽培模式下大田玉米成熟期根际与非根际土壤 $NaHCO_3$－Pi 含量。由图 3.3 可知，M/S 和 M 模式的玉米根际土壤 $NaHCO_3$－Pi 含量均显著低于非根际土壤。M/S 模式的玉米根际与非根际土壤 $NaHCO_3$－Pi 含量均低于 M 模式。M 模式玉米根际与非根际土壤 $NaHCO_3$－Pi 含量分别是 M/S 模式的 1.04 和 1.15 倍。这说明玉米—大豆套作系统根际间的相互作用更有利于玉米对 $NaHCO_3$－Pi 的吸收。

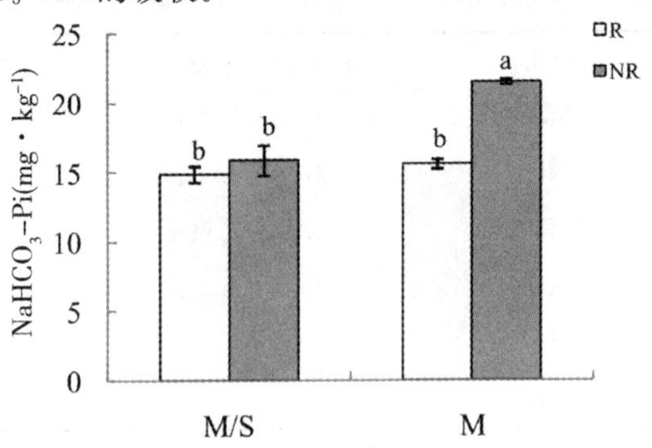

图 3.3　不同栽培模式下大田玉米成熟期根际与非根际土壤 $NaHCO_3$－Pi 含量

注：同一柱状图不同字母表示差异显著（$P<0.05$）。

图 3.4 为不同栽培模式下大田玉米成熟期根际与非根际土壤 $NaHCO_3$－Po 含量。由图 3.4 可知，M/S 和 M 模式的土壤 $NaHCO_3$－Po 含量均表现出根际土壤低于非根际土壤，M 模式玉米根际土壤 $NaHCO_3$－Po 含量显著低于非根际土壤。M/S 模式的玉米根际土壤 $NaHCO_3$－Po 含量与 M 模式的玉米根际土壤 $NaHCO_3$－Po 含量差异不显著。M/S 模式的玉米非根际土壤 $NaHCO_3$－Po 含量显著低于 M 模式。M 模式的玉米根际与非根际土壤 $NaHCO_3$－Po 含量分别是 M/S 模式的 1.05 和 1.36 倍。

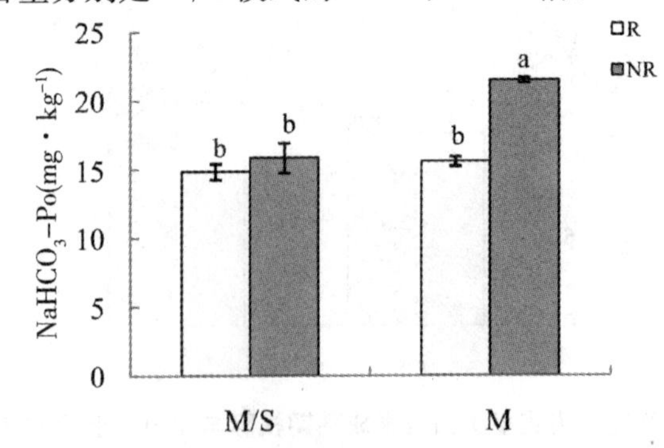

图 3.4　不同栽培模式下大田玉米成熟期根际与非根际土壤 $NaHCO_3$－Po 含量

注：同一柱状图不同字母表示差异显著（$P<0.05$）。

图 3.5 为不同栽培模式下大田玉米成熟期根际与非根际土壤 NaOH－Pi 含量。由图 3.5 可知，M/S 模式的玉米非根际土壤 NaOH－Pi 含量显著高于根际土壤，M 模式的玉米非根际土壤 NaOH－Pi 含量显著低于根际土壤。M/S模式的玉米根际土壤与非根际土壤 NaOH－Pi 含量显著低于 M 模式。M 模式的玉米根际土壤与非根际土壤 NaOH－Pi 含量分别是 M/S 模式玉米根际土壤与非根际土壤的 1.21 和 1.03 倍。这说明玉米—大豆套作模式能促进玉米对 NaOH－Pi 的吸收。

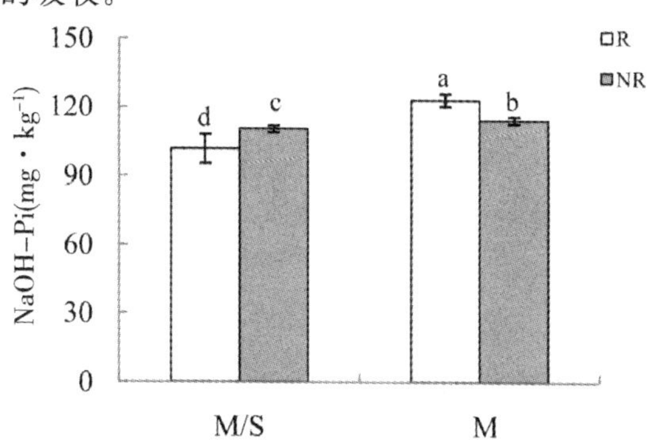

图 3.5　**不同栽培模式下大田玉米成熟期根际与非根际土壤** NaOH－Pi **含量**

注：同一柱状图不同字母表示差异显著（$P<0.05$）。

图 3.6 为不同栽培模式下大田玉米成熟期根际与非根际土壤 NaOH－Po 含量。由图 3.6 可知，M/S 模式下玉米根际土壤 NaOH－Po 含量显著低于非根际土壤，而 M 模式下玉米根际土壤 NaOH－Po 含量显著高于非根际土壤。M/S 模式的玉米根际土壤 NaOH－Po 含量显著低于 M 模式，玉米非根际土壤 NaOH－Po 含量显著高于 M 模式。M 模式的玉米根际土壤 NaOH－Po 含量是 M/S 模式根际土壤 NaOH－Po 含量的 1.29 倍。

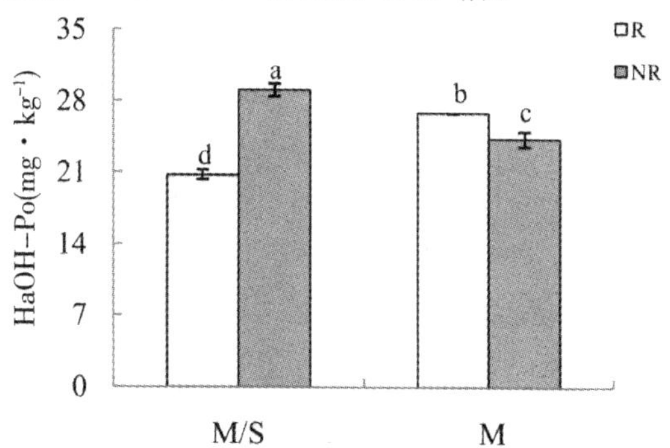

图 3.6　**不同栽培模式下大田玉米成熟期根际与非根际土壤** NaOH－Po **含量**

注：同一柱状图不同字母表示差异显著（$P<0.05$）。

图 3.7 为不同栽培模式下大田玉米成熟期根际与非根际土壤 HCl－Pi 含量。由图 3.7 可知，M/S 模式的玉米根际土壤 HCl－Pi 含量显著高于非根际土壤，M 模式的玉米根际土壤 HCl－Pi 含量显著低于非根际土壤。M/S 模式的玉米非根际土壤 HCl－Pi 含量显著低于 M 模式的玉米非根际土壤，但两个模式的玉米根际土壤 HCl－Pi 含量差异不显著。

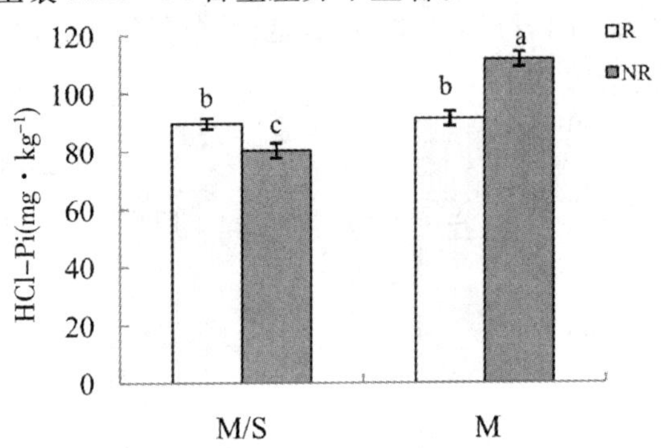

图 3.7　不同栽培模式下大田玉米成熟期根际与非根际土壤 HCl－Pi 含量

注：同一柱状图不同字母表示差异显著（$P<0.05$）。

图 3.8 为不同栽培模式下大田玉米成熟期根际与非根际土壤 Residual－P 含量。由图 3.8 可知，M/S 模式的玉米根际土壤 Residual－P 含量高于非根际土壤，M 模式的玉米根际土壤 Residual－P 含量显著低于非根际土壤。M/S 模式的玉米根际土壤 Residual－P 含量与 M 模式的玉米根际土壤 Residual－P 含量差异不显著，但 M/S 模式的玉米非根际土壤 Residual－P 含量显著低于 M 模式。

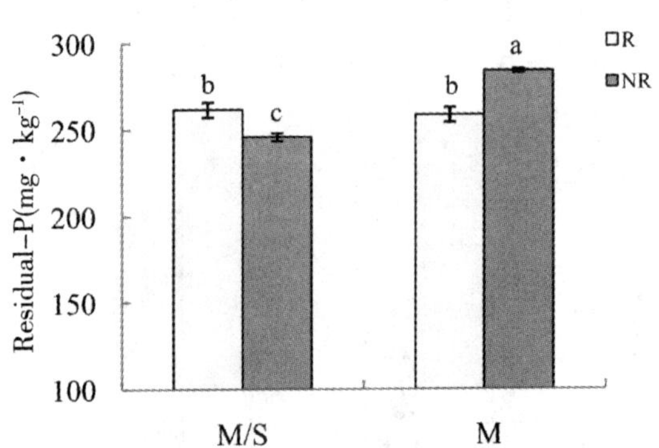

图 3.8　不同栽培模式下大田玉米成熟期根际与非根际土壤 Residual－P 含量

注：同一柱状图不同字母表示差异显著（$P<0.05$）。

（2）不同栽培模式对大豆根际与非根际土壤磷组分的影响。

图3.9为不同栽培模式下大田大豆成熟期根际与非根际土壤H_2O－Pi含量。由图3.9可知，M/S模式的大豆根际土壤H_2O－Pi含量显著高于非根际土壤，水溶性磷在M/S模式大豆根际出现积累。S模式的大豆根际与非根际土壤H_2O－Pi含量差异不显著。M/S模式的大豆根际与非根际土壤H_2O－Pi含量显著高于S模式的根际与非根际土壤。M/S模式大豆根际与非根际土壤H_2O－Pi含量分别是S模式的1.67和1.31倍。M/S模式水溶性磷在大豆根际土壤中出现积累，可能是因为在玉米—大豆套作模式下玉米的竞争刺激下，大豆提高了自身根瘤固氮能力，分泌出更多的磷酸酶活化难溶性磷源。

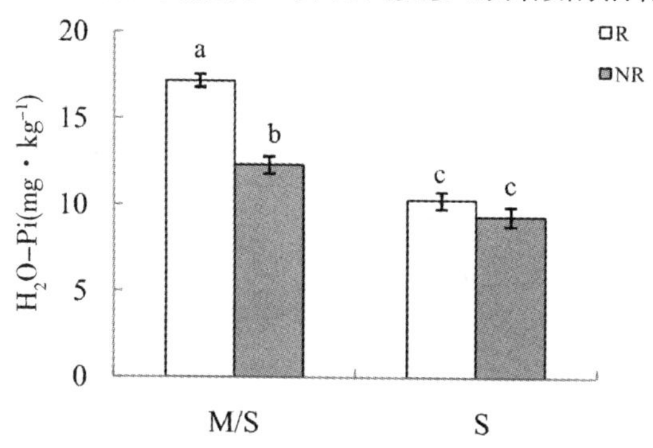

图3.9　不同栽培模式下大田大豆成熟期根际与非根际土壤H_2O－Pi含量

注：同一柱状图不同字母表示差异显著（$P<0.05$）。

图3.10为不同栽培模式下大田大豆成熟期根际与非根际土壤$NaHCO_3$－Pi含量。由图3.10可知，M/S和S模式的大豆根际土壤$NaHCO_3$－Pi含量均显著低于非根际土壤。M/S和S模式的大豆根际与非根际间土壤$NaHCO_3$－Pi含量无显著差异。但S模式的大豆根际与非根际土壤$NaHCO_3$－Pi含量是M/S模式的大豆根际与非根际土壤$NaHCO_3$－Pi含量的1.04和1.01倍。

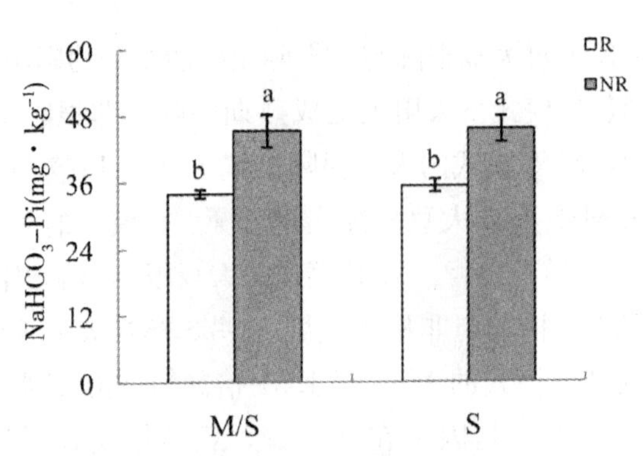

图 3.10　**不同栽培模式下大田大豆成熟期根际与非根际土壤** $NaHCO_3$－Pi **含量**

注：同一柱状图不同字母表示差异显著（$P<0.05$）。

图 3.11 为不同栽培模式下大田大豆成熟期根际与非根际土壤 $NaHCO_3$－Po 含量。由图 3.11 可知，M/S 和 S 模式下均表现出大豆根际土壤 $NaHCO_3$－Po 含量显著低于非根际土壤，M/S 模式下的大豆根际与非根际土壤 $NaHCO_3$－Po 含量均显著低于 S 模式的大豆根际与非根际土壤。S 模式的大豆根际与非根际土壤 $NaHCO_3$－Po 含量分别是 M/S 模式的 1.49 和 1.45 倍。

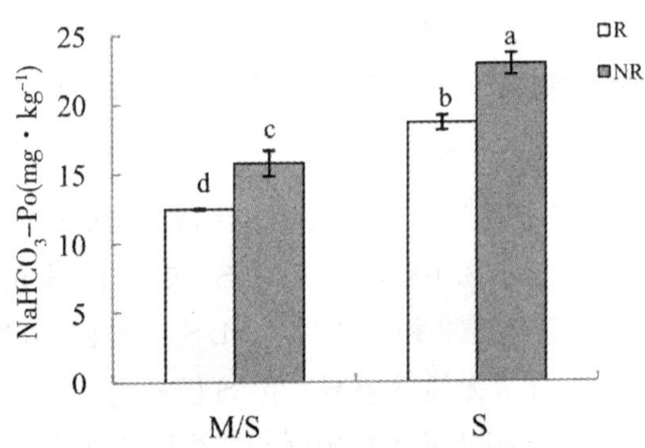

图 3.11　**不同栽培模式下大田大豆成熟期根际与非根际土壤** $NaHCO_3$－Po **含量**

注：同一柱状图不同字母表示差异显著（$P<0.05$）。

图 3.12 为不同栽培模式下大田大豆成熟期根际与非根际土壤 NaOH－Pi 含量。由图 3.12 可知，M/S 和 S 模式的大豆根际土壤 NaOH－Pi 含量均高于非根际土壤。大豆根际土壤 NaOH－Pi 含量表现为 S 模式显著高于 M/S 模式。S 模式的大豆根际与非根际土壤 NaOH－Pi 含量分别是 M/S 模式大豆根际与非根际土壤 NaOH－Pi 含量的 1.20 倍和 1.02 倍。这说明玉米—大豆套作模式下大豆通过自身根瘤固氮及分泌磷酸酶活化难溶性磷源，促进自身对土壤

NaOH－Pi 的吸收。

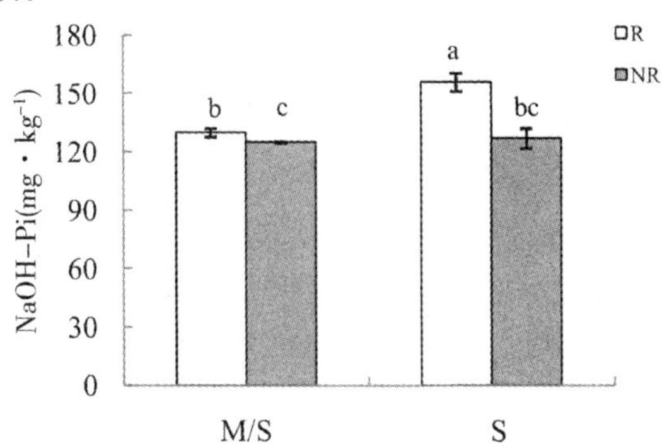

图 3.12　**不同栽培模式下大田大豆成熟期根际与非根际土壤** NaOH－Pi **含量**

注：同一柱状图不同字母表示差异显著（$P<0.05$）。

图 3.13 为不同栽培模式下大田大豆成熟期根际与非根际土壤 NaOH－Po 含量。由图 3.13 可知，M/S 和 S 模式的大豆根际与非根际土壤 NaOH－Po 含量差异显著，M/S 模式大豆根际土壤 NaOH－Po 含量显著高于非根际土壤，而 S 模式大豆根际土壤 NaOH－Po 含量显著低于非根际土壤。M/S 模式的大豆根际土壤 NaOH－Po 含量与 S 模式差异不显著，但大豆非根际土壤 NaOH－Po 含量显著低于 S 模式。

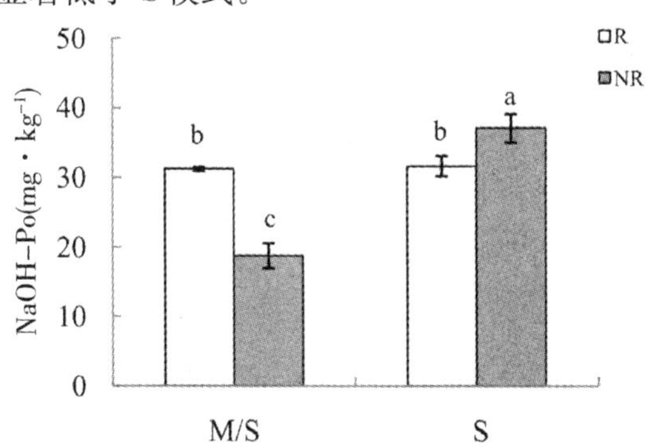

图 3.13　**不同栽培模式下大田大豆成熟期根际与非根际土壤** NaOH－Po **含量**

注：同一柱状图不同字母表示差异显著（$P<0.05$）。

图 3.14 为不同栽培模式下大田大豆成熟期根际与非根际土壤 HCl－Pi 含量。由图 3.14 可知，M/S 模式大豆根际土壤 HCl－Pi 含量显著低于非根际土壤，S 模式大豆根际土壤 HCl－Pi 含量与非根际土壤差异不显著。M/S 与 S 模式大豆根际与非根际土壤 HCl－Pi 含量有差异，表现为 S 模式大豆根际与非根际土壤 HCl－Pi 含量均高于 M/S 模式。S 模式的大豆根际与非根际土壤

HCl－Pi 含量分别是 M/S 模式的 1.46 和 1.01 倍。

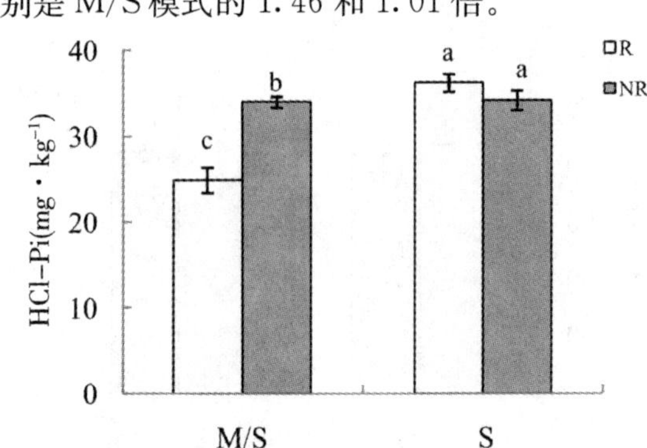

图 3.14　不同栽培模式下大田大豆成熟期根际与非根际土壤 HCl－Pi 含量

注：同一柱状图不同字母表示差异显著（$P<0.05$）。

图 3.15 为不同栽培模式下大田大豆成熟期根际与非根际土壤 Residual－P 含量。由图 3.15 可知，M/S 和 S 模式大豆根际与非根际土壤 Residual－P 含量均无显著差异。M/S 模式大豆非根际土壤 Residual－P 含量显著高于 S 模式，但根际土壤 Residual－P 含量无显著差异。

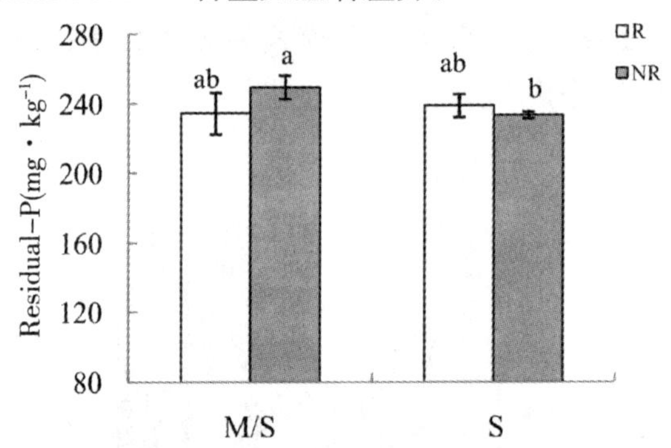

图 3.15　不同栽培模式下大田大豆成熟期根际与非根际土壤 Residual－P 含量

注：同一柱状图不同字母表示差异显著（$P<0.05$）。

3.3.1.5　不同栽培模式下土壤酸性磷酸酶活性

图 3.16 为不同栽培模式下大田玉米成熟期根际与非根际土壤酸性磷酸酶活性。由图 3.16 可知，M/S 模式下玉米根际土壤酸性磷酸酶活性显著高于非根际土壤。M/S 模式下玉米根际与非根际土壤酸性磷酸酶活性分别是 M 模式的 1.25 倍和 1.09 倍。这说明玉米—大豆套作模式下玉米根系的交互作用促进了土壤酸性磷酸酶活性的升高。

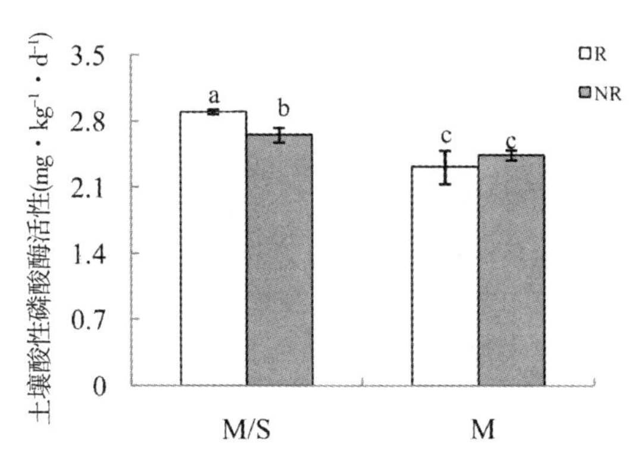

图 3.16　不同栽培模式下大田玉米成熟期根际与非根际土壤酸性磷酸酶活性

注：同一柱状图不同字母表示差异显著（$P<0.05$）。

图 3.17 为不同栽培模式下大田大豆成熟期根际与非根际土壤酸性磷酸酶活性。由图 3.17 可知，M/S 和 S 模式均表现出大豆根际土壤酸性磷酸酶活性显著高于非根际土壤。M/S 模式的大豆根际与非根际土壤酸性磷酸酶活性与 S 模式的大豆根际与非根际土壤酸性磷酸酶活性差异不显著。

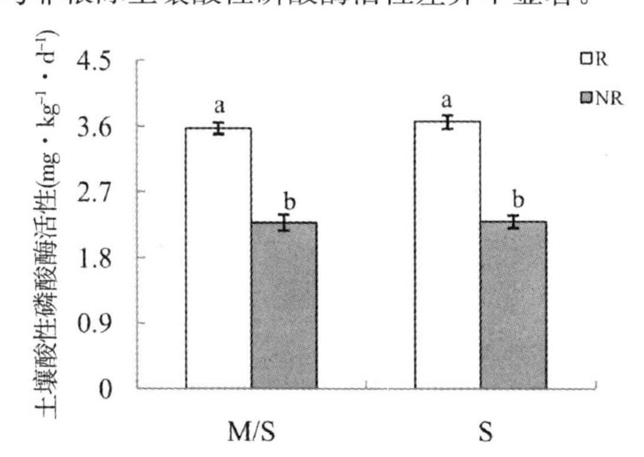

图 3.17　不同栽培模式下大田大豆成熟期根际与非根际土壤酸性磷酸酶活性

注：同一柱状图不同字母表示差异显著（$P<0.05$）。

3.3.2　不同施磷量对土壤磷素利用的影响

3.3.2.1　不同施磷量下作物籽粒和秸秆产量

不同施磷量下大田玉米、大豆成熟期秸秆产量和籽粒产量见表 3.6。由表 3.6 可知，玉米成熟期，不同施磷量下，M/S－P2 模式的玉米秸秆产量显著高于 M/S－P0 和 M/S－P1 模式，M/S－P0、M/S－P1 和 M/S－P2 模式间的玉米籽粒产量差异不显著。大豆成熟期，不同施磷量下，M/S－P1 和 M/S－P2 模式的大豆秸秆产量显著高于 M/S－P0 模式，M/S－P0、M/S－P1 和 M/S－P2 三个模式间大豆籽粒产量差异不显著。这说明磷肥的施用在一定程度上促进了玉米—大豆套作模式下玉米秸秆产量的提高。

表 3.6　不同施磷量下大田玉米、大豆成熟期秸秆产量和籽粒产量

栽培模式	玉米		大豆	
	秸秆产量 (kg·ha^{-1})	籽粒产量 (kg·ha^{-1})	秸秆产量 (kg·ha^{-1})	籽粒产量 (kg·ha^{-1})
M/S－P0	5640±299b	7615±365a	585±20.0b	716±65.9a
M/S－P1	5958±203b	7963±376a	686±74.7a	805±143a
M/S－P2	6561±382a	7523±457a	651±22.0a	823±112a

注：±后面的数据是平均值的标准偏差。同一列中不同字母表示不同处理间在 $P<0.05$ 水平上差异显著。

不同施磷量下根箱玉米、大豆秸秆产量和籽粒产量见表 3.7。由表 3.7 可看出，玉米灌浆期，P2 处理的玉米秸秆产量显著高于 P0 处理，施磷水平对玉米籽粒产量无显著差异。玉米成熟期，P0、P1 和 P2 三个处理间玉米秸秆产量差异显著，具体表现为 P2＞P1＞P0；P1 和 P2 处理的玉米籽粒产量显著高于 P0 处理。大豆分枝期 V4，P1 和 P2 处理的大豆秸秆产量显著高于 P0 处理。大豆分枝期 V12，三种处理的大豆秸秆产量差异显著，具体表现为 P1＞P2＞P0。大豆开花期，P0 处理的大豆秸秆产量显著低于其他两种处理。而在大豆成熟期，三种处理的大豆秸秆产量无显著差异，P2 处理的大豆籽粒产量高于其他两种处理。施磷处理在一定程度上提高了玉米和大豆的产量。

表 3.7　不同施磷量下根箱玉米、大豆秸秆产量和籽粒产量

生育期	处理	玉米		大豆	
		秸秆产量 (g/株)	籽粒产量 (g/株)	秸秆产量 (g/株)	籽粒产量 (g/株)
玉米灌浆期（大豆分枝期 V4）	P0	149±3.00b	107±0.91a	2.43±0.07b	—
	P1	153±2.32ab	111±9.40a	3.69±0.23a	—
	P2	156±3.16a	106±1.64a	4.15±0.31a	—

续表

生育期	处理	玉米		大豆	
		秸秆产量（g/株）	籽粒产量（g/株）	秸秆产量（g/株）	籽粒产量（g/株）
玉米成熟期（大豆分枝期 V12）	P0	134±2.15c	134±3.69b	4.64±0.72c	—
	P1	140±2.03b	161±7.53a	9.14±1.73a	—
	P2	160±1.16a	163±4.63a	6.33±0.07b	—
大豆开花期	P0	—	—	58.00±1.97b	—
	P1	—	—	62.70±1.90a	—
	P2	—	—	61.20±1.18a	—
大豆成熟期	P0	—	—	54.60±2.85a	16.40±1.75b
	P1	—	—	56.30±2.41a	17.20±0.50b
	P2	—	—	58.90±4.05a	19.60±0.33a

注：±后面的数据是平均值的标准偏差。同一列中不同字母表示不同处理间在 $P<0.05$ 水平上差异显著。

3.3.2.2　不同施磷量下作物地上部吸磷量

不同施磷量下大田玉米、大豆成熟期地上部吸磷量见表 3.8。由表 3.8 可知，随着施磷量的增加，玉米秸秆磷积累量也呈现增加的趋势，M/S—P2 模式的玉米秸秆磷积累量显著高于 M/S—P0 模式。三种处理的玉米籽粒磷积累量差异不显著。玉米地上部总体吸磷量表现和玉米秸秆磷积累量表现一致，M/S—P2 模式的地上部总体吸磷量显著高于 M/S—P0 模式。大豆成熟期，M/S—P1 和 M/S—P2 模式的大豆秸秆磷积累量显著高于 M/S—P0 模式，M/S—P1和 M/S—P2 模式的大豆籽粒磷积累量均高于 M/S—P0 模式。地上部总体吸磷量也表现为 M/S—P1 和 M/S—P2 模式显著高于 M/S—P0 模式。这说明施磷量的增加能促进玉米和大豆地上部对磷的吸收利用。

表 3.8 不同施磷量下大田玉米、大豆成熟期地上部吸磷量

栽培模式	玉米			大豆		
	秸秆磷积累量（$kg \cdot ha^{-1}$）	籽粒磷积累量（$kg \cdot ha^{-1}$）	总计（$kg \cdot ha^{-1}$）	秸秆磷积累量（$kg \cdot ha^{-1}$）	籽粒磷积累量（$kg \cdot ha^{-1}$）	总计（$kg \cdot ha^{-1}$）
M/S－P0	13.3±2.86b	26.9±3.45a	40.1±1.36b	1.76±0.19b	5.60±0.90b	7.36±0.74b
M/S－P1	15.9±1.97ab	26.7±5.04a	42.6±6.41ab	2.32±0.36a	7.26±1.52ab	9.58±1.16a
M/S－P2	19.5±1.65a	23.6±2.25a	43.1±0.66a	2.18±0.10a	7.36a±0.33a	9.55±0.43a

注：±后面的数据是平均值的标准偏差。同一列中不同字母表示不同处理间在 $P<0.05$ 水平上差异显著。

不同施磷量下根箱玉米和大豆地上部磷积累量见表 3.9。由表 3.9 可知，随着施磷量的增加，不同生育期均表现出玉米地上部磷积累量也相应增加。玉米灌浆期，P1 和 P2 处理的地上部磷积累量显著高于 P0 处理，分别比 P0 处理高 16.8%和 22.9%。玉米成熟期和灌浆期表现一致，P1 和 P2 处理的地上部磷积累量显著高于 P0 处理，分别比 P0 处理高 13.8%和 14.3%。

大豆除分枝期 V12 外，地上部磷积累量随施磷量的增加也相应增加。大豆分枝期 V4，P0、P1 和 P2 处理之间大豆地上部磷积累量差异显著，吸磷量表现为 P2>P1>P0。大豆分枝期 V12，P1 处理的地上部磷积累量显著高于 P0 和 P2 处理。大豆开花期，P0、P1 和 P2 处理之间差异显著，P2 处理的地上部磷积累量显著高于 P1 和 P0 处理，P1 处理显著高于 P0 处理。而大豆成熟期，各处理间的地上部磷积累量差异不显著。

表 3.9 不同施磷量下根箱玉米和大豆地上部磷积累量

生育期	处理	玉米地上部磷积累量（mg/株）	大豆地上部磷积累量（mg/株）
玉米灌浆期（大豆分枝期 V4）	P0	519±31.4b	6.50±0.19c
	P1	606±40.5a	9.53±0.45b
	P2	638±28.0a	10.90±0.74a

续表

生育期	处理	玉米地上部磷积累量（mg/株）	大豆地上部磷积累量（mg/株）
玉米成熟期（大豆分枝期 V12）	P0	686±21.0b	14.90±1.66b
	P1	781±14.6a	30.10±1.16a
	P2	784±13.4a	18.50±1.98b
大豆开花期	P0	—	186±6.52c
	P1	—	209±5.57b
	P2	—	275±5.63a
大豆成熟期	P0	—	327±6.46a
	P1	—	328±8.07a
	P2	—	329±13.5a

注：±后面的数据是平均值的标准偏差。同一列中不同字母表示不同处理间在 $P<0.05$ 水平上差异显著。

3.3.2.3　不同施磷量下作物根际与非根际土壤全磷、速效磷含量

不同施磷量下大田玉米及大豆成熟期根际与非根际土壤全磷和速效磷含量见表3.10。由表3.10可知，玉米成熟期，M/S—P2模式的玉米根际土壤全磷含量显著高于非根际土壤。随着施磷量的增加，玉米—大豆套作模式的玉米根际土壤全磷含量也呈增加趋势，且M/S—P0、M/S—P1和M/S—P2模式间玉米根际土壤全磷含量差异显著。M/S—P1模式的玉米非根际土壤全磷含量显著高于M/S—P0模式。大豆成熟期，玉米—大豆套作模式的大豆根际与非根际土壤全磷含量随施磷量的增加也显著增加。M/S—P2模式的根际与非根际土壤全磷含量显著高于M/S—P1和M/S—P0模式，M/S—P1模式的根际与非根际土壤全磷含量显著高于M/S—P0模式。

玉米—大豆套作模式的各处理间的根际与非根际土壤速效磷含量差异显著。玉米成熟期，M/S—P0和M/S—P2模式的玉米根际土壤速效磷含量显著低于非根际土壤，M/S—P1模式表现与其相反。M/S—P1模式的玉米根际土壤速效磷含量显著高于M/S—P0和M/S—P2模式。玉米非根际土壤速效磷含量表现为M/S—P2模式显著高于M/S—P0和M/S—P1模式。大豆成熟期，施磷量的增加促进了大豆土壤速效磷含量的提高。M/S—P2模式的大豆根际与非根际土壤速效磷含量显著高于M/S—P0模式。

表 3.10　不同施磷量下大田玉米及大豆成熟期根际与非根际土壤全磷和速效磷含量

栽培模式	土壤	全磷（g·kg⁻¹）		速效磷（mg·kg⁻¹）	
		玉米	大豆	玉米	大豆
M/S－P0	R	0.71±0.02c	0.56±0.01e	18.3±0.20d	20.9±1.01c
	NR	0.69±0.01c	0.58±0.02e	21.2±0.21c	15.4±0.22d
M/S－P1	R	0.75±0.01b	0.68±0.03c	28.8±0.18a	25.3±3.46bc
	NR	0.75±0.01b	0.62±0.01d	25.1±0.55b	26.8±1.63b
M/S－P2	R	0.79±0.02a	0.74±0.01b	23.5±1.24b	25.8±2.79b
	NR	0.70±0.06bc	0.84±0.04a	27.9±1.35a	32.7±2.01a

注：±后面的数据是平均值的标准偏差。同一列中不同字母表示不同处理间在 $P<0.05$ 水平上差异显著。

不同施磷量下根箱玉米及大豆根际与非根际土壤全磷和速效磷含量见表3.11。由表 3.11 可知，玉米两个生育期的土壤全磷含量随施磷量的增加而增加。玉米灌浆期，P2 处理的玉米根际土壤全磷含量显著低于与非根际土壤。玉米成熟期，P1 和 P2 处理的土壤全磷含量表现为根际土壤显著低于非根际土壤；P0 处理的根际与非根际土壤全磷含量显著低于 P2 处理。大豆分枝期 V4，P2 处理的大豆根际与非根际土壤全磷含量差异显著。大豆分枝期 V12，P0 和 P2 处理的根际土壤全磷含量显著低于 P1 处理。这说明大豆在仅玉米施磷条件下，能通过根系分泌质子和有机酸活化难溶性磷源，满足自身和玉米对磷的需求。大豆开花期，P0 和 P2 处理的根际土壤全磷含量显著高于非根际，P1 处理与其相反；P2 处理的大豆根际土壤全磷含量显著高于 P0 和 P1 处理。大豆成熟期，仅 P1 处理的根际土壤全磷含量显著高于非根际，P2 处理的大豆土壤全磷含量显著高于 P1 和 P0 处理。

表 3.11　不同施磷量下根箱玉米及大豆根际与非根际土壤全磷和速效磷含量

生育期	处理	土壤	全磷（g·kg⁻¹）		速效磷（mg·kg⁻¹）	
			玉米	大豆	玉米	大豆
玉米灌浆期（大豆分枝期 V4）	P0	R	0.58±0.01b	0.59±0.008b	5.02±0.001e	5.20±0.06f
		NR	0.59±0.003b	0.59±0.003b	6.23±0.16d	6.23±0.16d
	P1	R	0.59±0.004b	0.59±0.003b	7.27±0.01c	8.18±0.07b
		NR	0.61±0.009ab	0.61±0.009ab	8.37±0.02a	8.37±0.02a
	P2	R	0.59±0.009b	0.59±0.006b	7.46±0.19bc	5.85±0.05e
		NR	0.62±0.008a	0.62±0.008a	7.57±0.21b	7.57±0.21c

续表

生育期	处理	土壤	全磷（g·kg⁻¹）		速效磷（mg·kg⁻¹）	
			玉米	大豆	玉米	大豆
玉米成熟期（大豆分枝期V12）	P0	R	0.58±0.001c	0.59±0.001c	5.64±0.04d	5.15±0.77d
		NR	0.58±0.01bc	0.58±0.01c	5.57±0.10d	5.57±0.1d
	P1	R	0.58±0.006bc	0.59±0.002b	6.04±0.05c	7.02±0.05a
		NR	0.63±0.004a	0.63±0.004a	6.22±0.07b	6.22±0.07c
	P2	R	0.59±0.003b	0.57±0.009c	5.60±0.05d	6.22±0.09c
		NR	0.62±0.006a	0.62±0.006a	6.52±0.007a	6.52±0.01b
大豆开花期	P0	R	—	0.51±0.001b	—	6.41±0.17b
		NR	—	0.43±0.004d	—	6.79±0.11a
	P1	R	—	0.50±0.002c	—	6.70±0.20ab
		NR	—	0.49±0.01a	—	6.65±0.10ab
	P2	R	—	0.53±0.002a	—	6.17±0.14b
		NR	—	0.49±0.01bc	—	6.59±0.16ab
大豆成熟期	P0	R	—	0.47±0.004c	—	5.12±0.02d
		NR	—	0.45±0.007c	—	4.62±0.007e
	P1	R	—	0.50±0.008b	—	6.20±0.09b
		NR	—	0.46±0.005c	—	5.29±0.06c
	P2	R	—	0.52±0.005a	—	4.37±0.02f
		NR	—	0.52±0.005a	—	6.51±0.02a

注：±后面的数据是平均值的标准偏差。同一列中不同字母表示不同处理间在 $P<0.05$ 水平上差异显著。

玉米灌浆期，土壤速效磷表现为 P0 和 P1 处理的玉米根际土壤速效磷含量与非根际土壤差异显著。P1 和 P2 处理的玉米根际土壤速效磷含量显著高于 P0 处理。玉米成熟期，P1 和 P2 处理的玉米根际土壤速效磷含量显著低于非根际土壤。P1 处理的玉米根际土壤速效磷含量显著高于 P0 和 P2 处理（和大田表现一致）。这说明在仅玉米施磷条件下，大豆能活化难溶性磷源满足玉米对磷的需求。大豆分枝期 V4，三种处理的大豆根际土壤速效磷含量均显著低于非根际土壤。P1 处理的大豆根际与非根际土壤速效磷含量显著高于 P0 和 P2 处理的根际与非根际土壤。大豆分枝期 V12，P1 和 P2 处理的大豆根际与非根际土壤速效磷含量差异显著。大豆根际土壤速效磷含量表现为 P1 处理显著高于P0和P2处理。大豆开花期，P0、P1和P2处理的大豆根际土壤速效磷含量无显著差异。大豆成熟期，P0、P1和P2处理的大豆根际土壤速效磷含量与非根际土壤差异显著，P1处理的大豆根际土壤速效磷含量显著高于P0和P2处理。

3.3.2.4 不同施磷量下作物根际与非根际土壤酸性磷酸酶活性

图3.18为不同施磷量对大田玉米、大豆成熟期根际与非根际土壤酸性磷酸酶活性。由图3.18（a）可知，玉米成熟期，随着施磷量的增加，P0、P1和P2处理的玉米根际土壤酸性磷酸酶活性也显著增加。P2处理的玉米非根际土壤酸性磷酸酶活性显著高于P0和P1处理。由图3.18（b）可知，大豆成熟期，P0、P1和P2处理的大豆根际土壤酸性磷酸酶活性显著高于非根际土壤，P2处理的大豆根际土壤酸性磷酸酶活性显著高于P0和P1处理。P0、P1和P2处理的大豆非根际土壤酸性磷酸酶活性也差异显著。

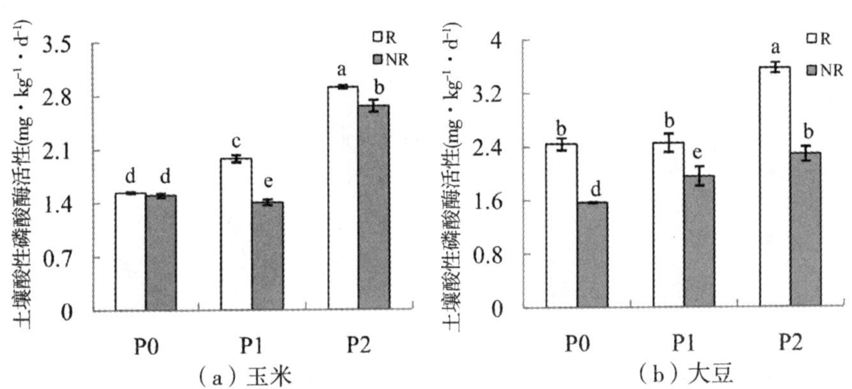

图3.18 不同施磷量对大田玉米、大豆成熟期根际与非根际土壤酸性磷酸酶活性

注：同一柱状图不同字母表示差异显著（$P<0.05$）。

图3.19为不同施磷量下根箱玉米、大豆成熟期根际与非根际土壤酸性磷酸酶活性。由图3.19（a）可知，玉米成熟期，P0、P1和P2处理的玉米根际土壤酸性磷酸酶活性均显著高于非根际土壤。三种处理的玉米根际土壤酸性磷酸酶活性表现为P2处理高于P1和P0处理，P1处理显著高于P0处理（与大田研究一致）。由图3.19（b）可知，大豆成熟期，三种处理的土壤酸性磷酸酶活性表现为根际土壤显著高于非根际土壤。施磷水平对大豆根际土壤酸性磷酸酶活性影响显著。P1处理的大豆非根际土壤酸性磷酸酶活性显著低于P0和P2处理。

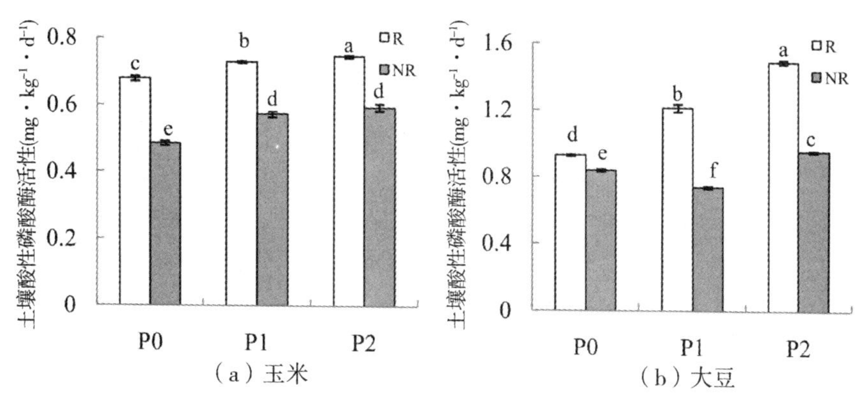

图 3.19　不同施磷量下根箱玉米、大豆成熟期根际与非根际土壤酸性磷酸酶活性

注：同一柱状图不同字母表示差异显著（$P<0.05$）。

3.4　讨论

3.4.1　不同栽培模式下作物的产量和磷素利用

间套作栽培模式是利用有限的时间和空间来获得两种及以上作物，能促进农业可持续发展的栽培模式。竞争或促进作用在间套作模式中同时存在，相辅相成，共同影响作物生长。研究表明，作物间套作栽培可以增加作物产量，改变土壤磷素的有效性。雍太文研究表明，小麦、玉米、蚕豆套作系统提高了各作物的籽粒产量和地上部植株总的生物量，在小麦和蚕豆间作时表现出了增产效应。Betencourt 发现，在低磷条件下，套作模式能显著提高根系周围土壤中磷的含量，进而有利于作物产量的提高和对磷的吸收利用。夏海勇研究表明，玉米与油菜、蚕豆、鹰嘴豆和大豆间套作，玉米平均籽粒磷质量分数比单作玉米模式分别高出 19.8%、13.0%、17.2%和 12.0%。田间试验研究发现，不同栽培模式的玉米籽粒和秸秆产量均无显著差异，大豆单作模式的秸秆产量显著高于套作模式，大豆的籽粒产量无显著影响，这与张霞和吴其林的研究结果一致。玉米—大豆套作的玉米的秸秆和籽粒产量与单作模式差异不显著，这可能是因为大田窄行内种间竞争更加激烈，和宽行的优势互补。而大豆单作模式的大豆秸秆产量显著高于套作模式，可能是荫蔽环境影响了大豆前期生长的光照强度、光合速率等，进而影响了光合产物的生成。但是，整个玉米—大豆套作系统总的生物量和产量均高于玉米和大豆单作模式。

研究表明，与单作模式相比，间套作模式下作物根系的相互作用能促进作物地上部磷含量的提高。尤其是当豆科间套作禾本科作物时，豆科作物的根际效应能促进系统磷吸收量的增加。与本研究结果一致，不同栽培模式和根系分隔处理对玉米和大豆地上部磷积累量有影响。套作模式下玉米地上部磷积累量显著高于单作模式。这说明玉米—大豆套作模式能显著提高玉米对磷的吸收利用效率。大豆单作模式的地上部磷积累量显著高于套作模式，这可能是因为玉米的竞争抑制了大豆对磷素的吸收。

3.4.2　不同栽培模式下作物根际与非根际土壤磷素组分

植物的生长发育离不开土壤中磷的供应，有效磷含量的丰富程度影响了作物生产力。土壤中磷素的不同形态决定了土壤磷的可利用性和有效性，各个形态磷之间在特定条件下也能相互转化。采用适宜的磷素分级方法对揭示土壤磷素状况具有重要意义。本试验中，测验土壤磷组分运用连续浸提的方法，提取出土壤中稳定性由弱到强的各级土壤磷素形态，如 H_2O－Pi、$NaHCO_3$－Pi、NaHCO3－Po、NaOH－Pi、NaOH－Po 和 Residual－P。研究发现，小麦单作模式的根际土壤 Residual－P、$NaHCO_3$－Po 和 NaOH－Po 含量显著低于非根际土壤，而大豆单作的根际土壤的 $NaHCO_3$－Po 和 NaOH－Po 含量显著高于非根际土壤。

土壤有效磷受 pH、有机质、水分、微生物及种植制度等因素的影响。磷在土壤中极易发生化学变化，其有效性会随着作物生育期和种类的不同发生变化。土壤中水溶性磷是对植物有效性最高的磷组分。M/S 模式的玉米根际与非根际土壤中 H_2O－Pi 含量均低于 M 模式，特别是非根际土壤显著低于 M 模式，说明玉米—大豆套作模式相对于单作模式而言，在一定程度上促进了玉米对 H_2O－Pi 的吸收。M/S 模式的大豆根际与非根际土壤 H_2O－Pi 含量显著高于 S 模式，这可能是因为玉米—大豆套作模式下根系交互促进了大豆根瘤固氮，分泌的有机酸和质子活化难溶性磷使土壤中 H_2O－Pi 在根际积累。因此，玉米—大豆套作模式更有利于玉米对水溶性磷的吸收。根箱玉米和大豆土壤水溶性磷含量在其共生期较低，而成熟期相对较高，这可能是由于作物在需肥较多时吸收了大量土壤中的水溶性磷，而成熟期对肥的需求减少以至作物根际水溶性磷含量较高。

$NaHCO_3$－Pi 是由吸附于多晶磷化合物、倍半氧化物或碳酸盐表面的不稳定性磷，易转化为水溶性磷或被土壤中的铁铝固定。研究表明，玉米、小麦和鹰嘴豆间作时，鹰嘴豆根系分泌的酸性磷酸酶能分解有机磷，满足玉米和小麦对有机磷的吸收。间套作种植在施磷条件下能提高作物根系酸性磷酸酶的分泌量，促进有机磷向有效态转化。

$NaHCO_3$－Pi 可以被植物直接吸收利用，对植物生长的有效性较高。在大田条件下，M/S 模式的玉米根际土壤 $NaHCO_3$－Pi 含量显著低于非根际土壤，M 模式的玉米根际与非根际土壤 $NaHCO_3$－Pi 含量分别是 M/S 模式的 1.04 倍和 1.15 倍。这说明玉米—大豆套作模式更能促进玉米对土壤中 $NaHCO_3$－Pi 的吸收。

$NaHCO_3$－Po 是可溶性的有机磷化合物，易于矿化为活性较高的无机磷。研究表明，M/S 模式的玉米根际与非根际土壤 $NaHCO_3$－Po 含量均低于 M 模式。M/S 和 S 模式均表现出大豆根际土壤 $NaHCO_3$－Po 含量显著低于非根际土壤，M/S 模式的大豆根际与非根际土壤 $NaHCO_3$－Po 含量均显著低于 S 模式的根际与非根际土壤。

NaOH－Pi 与无定形结晶铝、铁磷酸盐及胡敏酸和富里酸结合的磷有关，属于中等活性的磷，用于磷的长期转化，对植物有一定的有效性。大田玉米 M/S 模式的玉米根际土壤 NaOH－Pi 含量显著低于 M 模式的玉米根际土壤。M/S 模式的大豆根际土壤 NaOH－Pi 含量也显著低于 S 模式的玉米根际土壤。

研究发现，玉米根表有机磷含量明显下降，可能与玉米根际土壤酸性磷酸酶活性增加有关。大田玉米 M/S 模式的玉米根际土壤 NaOH－Po 含量显著低于 M 模式的玉米根际土壤。这说明套作模式能促进玉米对 NaOH－Po 的吸收和利用，M/S 模式的玉米根际土壤 $NaHCO_3$－Po、NaOH－Po 均低于 M 模式，这可能与 M/S 模式的玉米根际酸性磷酸酶活性显著高于 M 模式有关。根箱研究表明，玉米灌浆期和成熟期，玉米—大豆套作模式下玉米根际土壤 NaOH－Po 含量均低于玉米单作模式。玉米—大豆套作模式下大豆分枝期，大豆根际土壤 NaOH－Po 含量高于其他模式；而大豆成熟期，其却低于其他模式。这说明玉米—大豆套作模式下大豆与玉米共生期时对磷的需求较大，大豆活化了更多的磷源，而至成熟期时，NaOH－Po 含量低于其他模式说明玉米—大豆套作模式下大豆吸收了更多的 NaOH－Po。玉米—大豆套作模式下玉米和大豆在成熟期，作物根际土壤 NaOH－Po 含量均低于单作模式，这可能与套作模式下玉米和大豆根际土壤酸性磷酸酶含量高于单作模式有关。

HCl－Pi 和 Residual－P 化学稳定性高，对植物的有效性低。大田研究表明，M/S 和 M 模式的玉米根际土壤的 HCl－Pi 含量和 Residual－P 含量差异均不显著。M/S 模式的大豆根际土壤 HCl－Pi 含量显著低于 S 模式，但 Residual－P 差异不显著。根箱试验表明，玉米—大豆套作模式下，在玉米和大豆成熟期，作物根际土壤 HCl－Pi 和 Residual－P 含量均高于单作模式。

3.4.3　不同施磷量对套作系统磷素利用的影响

研究表明，与不施磷相比，增施磷在一定的范围内能促进套作模式下玉米的产量、磷素积累总量及茎、叶和穗中磷素分配的增高，且种间作用和施磷水平互作效应显著。大田玉米 M/S－P2 模式的秸秆产量显著高于 M/S－P0 和 M/S－P1 模式。大田大豆 M/S－P2 模式和 M/S－P1 模式的秸秆产量均高于 M/S－P0 模式。根箱研究表明，施磷提高了玉米成熟期的地上部产量，也提高了大豆籽粒产量。

大田玉米 M/S－P2 模式的地上部磷积累量显著高于 M/S－P0 模式，M/S－P1和 M/S－P2 模式差异不显著。大田大豆 M/S－P0 模式的地上部磷积累量显著低于 M/S－P1 和 M/S－P2 模式。根箱研究表明，P0 处理的玉米地上部磷积累量显著低于 P1 和 P2 处理。大豆成熟期，施磷对大豆地上部磷积累量无显著影响。这说明施磷处理与不施磷处理相比，促进了玉米地上部磷积累量的提高，但 M/S－P1 和 M/S－P2 模式间的差异不显著。

研究表明，不同作物对磷的需求量不同，受到磷的胁迫时的反应也不同。在缺磷条件下，作物可以通过改变根系形态及通过自身分泌酶、有机酸等来满足对磷的需求。Betencourt 通过盆栽试验表明，在低磷条件下，小麦和鹰嘴豆间作能促进根际土壤水溶性磷和速效磷含量的提高。大田和根箱研究均表明，随着施磷量的增加，套作模式下玉米和大豆根际土壤全磷含量也显著增加。大田研究表明，M/S－P2 模式的玉米和大豆根际土壤速效磷含量显著低于非根际土壤，这可能是因为在供磷充足的条件下，玉米和大豆仅吸收了根际周围土壤的磷素，而对非根际土壤磷素的利用较少。M/S－P2 模式的大豆根际土壤速效磷含量高于 M/S－P0 模式。大田和根箱试验均表明，P1 处理的玉米根际土壤速效磷含量显著高于 P0 和 P2 处理，这可能是因为适宜的供磷水平促使玉米和大豆通过根际交互作用活化难溶性磷源，从而导致根际速效磷含量增加。

张恩等研究表明，施磷能提高土壤酸性磷酸酶的活性。Helal等人研究表明，作物根际酶的释放能促进土壤酸性磷酸酶活性的提高。研究发现，土壤在低磷条件下能促使植物根系酸性磷酸酶活性增强。而本书研究表明，施磷量的增加也促进了土壤酸性磷酸酶活性的提高。大田玉米—大豆套作模式下玉米根际土壤酸性磷酸酶活性受施磷量的影响较大。根箱研究发现，玉米和大豆根际土壤酸性磷酸酶活性与施磷量显著相关。

3.5　本章小结

(1) 大田研究发现，玉米—大豆套作模式对玉米和大豆的籽粒和秸秆产量无显著影响，但促进了玉米地上部磷积累量的提高。根箱试验结果表明，套作不隔根处理提高了玉米成熟期的地上部干物质量和大豆的秸秆产量，也提高了玉米和大豆地上部吸磷量。

大田研究结果表明，与单作模式相比，玉米—大豆套作模式提高了作物根际土壤全磷含量。根箱玉米研究结果与大田一致。大田和根箱研究均表明，玉米—大豆套作模式下玉米根际土壤速效磷含量显著低于玉米单作模式，玉米—大豆套作模式促进了玉米对速效磷的吸收。

大田试验研究表明，玉米成熟期，M/S模式与M模式相比，M/S模式降低了玉米根际土壤中H_2O-Pi、NaOH-Pi和NaOH-Po含量；M/S模式下大豆根际土壤相对于S模式而言，降低了大豆根际土壤中$NaHCO_3$-Po、NaOH-Pi和HCl-Pi含量。根箱研究表明，玉米成熟期，玉米—大豆套作模式与玉米单作模式相比，降低了土壤中H_2O-Pi、$NaHCO_3$-Pi、NaOH-Pi和NaOH-Po含量。玉米—大豆套作模式与大豆单作模式相比，降低了土壤中H_2O-Pi、$NaHCO_3$-Pi和NaOH-Po含量。

大田研究表明，玉米—大豆套作模式能提高玉米根际土壤酸性磷酸酶活性。根箱研究表明，玉米—大豆套作模式下，玉米和大豆的根际土壤酸性磷酸酶活性高于单作模式的根际土壤。

(2) 大田研究表明，与不施磷相比，磷肥的施用能促进玉米和大豆秸秆产量和地上部磷积累量的增加。根箱研究表明，与不施磷相比，施磷能显著提高玉米的秸秆产量、籽粒产量和地上部磷积累量。施磷也提高了大豆的籽粒产量，对大豆地上部磷积累量无显著影响。

本书研究表明，根箱和大田研究结果一致，随着施磷量的增加，玉米—大豆套作模式下玉米和大豆根际土壤全磷含量也显著增加。大田套作模式在仅玉米施磷条件下，玉米根际土壤速效磷含量显著高于不施磷和均施磷处理。大田和根箱研究均表明，玉米和大豆根际土壤酸性磷酸酶活性随着施磷量的增加而显著增加。

第4章　减量施磷条件下玉米—大豆套作系统土壤磷素利用与磷流失研究

我国磷肥当季表观利用率仅为7%～20%，长期施磷造成土壤残留了大量磷素，存在流失风险，可能导致水体富营养化等问题。面对粮食安全、资源浪费和环境污染等问题，如何在增加作物产量的同时，既能节约资源，又能保护环境，成为农业生产及环境保护等方面非常重要的一环。

前期研究得出，与单作模式相比，间套作模式能提高作物产量和肥料利用率。然而，以往对于玉米—大豆套作模式下土壤磷的研究大多集中在对作物地上与地下部交互作用下对磷素养分吸收等方面的机理研究，而对于在这种体系下应采取何种调控措施来提高作物对土壤磷素的利用率和降低土壤磷素流失风险尚缺乏研究。本书以旱地农田为研究对象，以田间定位试验为研究平台，系统地研究不同调控措施（作物田间配置、磷肥施用量等）对土壤磷素利用率和磷流失的影响，以期在保证作物产量和磷素高效利用率的前提下，为降低磷素流失风险和减少环境污染提供技术支撑。

4.1　研究方案

4.1.1　研究目标

本章利用2015—2016年的大田试验，探究3种种植模式（玉米—大豆套作、玉米单作、大豆单作）和3种施磷水平［农民常规施磷量（CP）、减施磷肥20%（RP）、不施磷肥（P0）］下玉米和大豆植株地上部干物质积累量、植株地上部吸磷量、地表径流磷含量、土壤磷吸附—解吸情况，揭示不同的种植模式与施磷水平对作物产量、磷素利用率和土壤磷素流失的影响，找到最合理的种植模式与施磷量，以达到农业与环境协调发展。

4.1.2 研究内容

本章主要研究内容包括不同种植模式和施磷水平下玉米和大豆的籽粒产量、地上部干物质积累量及其吸磷量和磷素利用率，不同种植模式和施磷水平下玉米和大豆的土壤全磷含量、速效磷含量，不同种植模式和施磷水平下土壤对磷的吸附—解吸特征及其磷素流失风险的影响。

4.1.3 技术路线

图 4.1 为技术路线图。

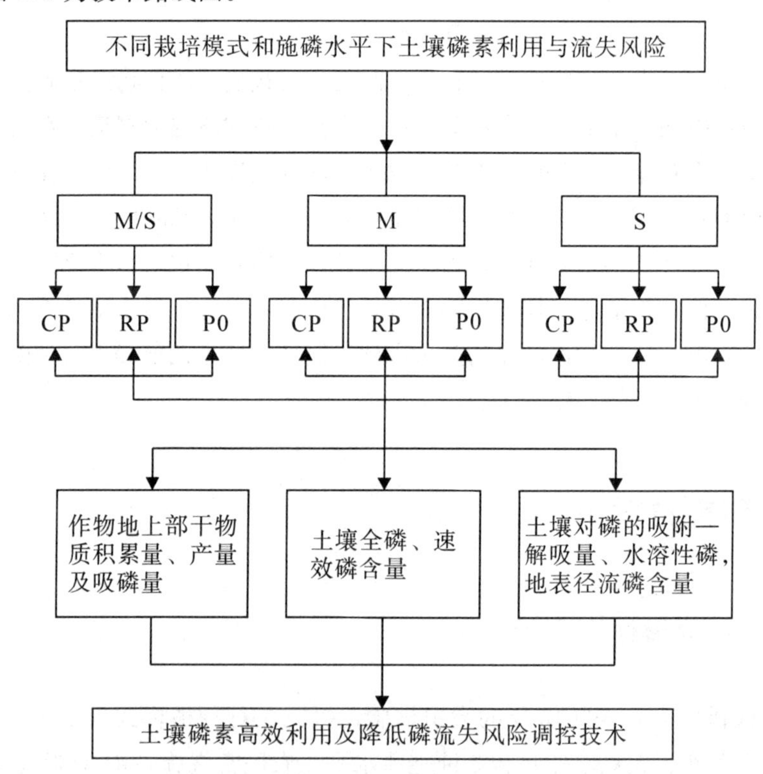

图 4.1　技术路线图

4.2　材料与方法

4.2.1　试验地概况和供试材料

试验位于雅安市四川农业大学教学实验农场（103°01′46″E，29°54′02″N），处于亚热带湿润季风气候区，年平均温度 14.1℃～17.9℃，多年平均降雨量 1750 mm，多年平均日照时数 1020 h，多年平均无霜期为 300 天，气候温和，供试土壤为紫色黏壤土。供试玉米品种为登海 605，大豆品种为南豆 12。

4.2.2　试验设计

采用二因素随机区组设计：因素一为栽培模式，因素二为施磷量，试验设计见表 4.1。共 9 个处理，每个处理重复 3 次。

表 4.1　**试验设计**

因素一（栽培模式）	因素二（施磷量）		
	总施磷量（P_2O_5）（kg・ha^{-1}）	玉米施磷量（P_2O_5）（kg・ha^{-1}）	大豆施磷量（P_2O_5）（kg・ha^{-1}）
玉米—大豆套作	CP：168	105	63
	RP：135	84	51
	P0：0	0	0
玉米单作	CP：105	105	—
	RP：84	84	—
	P0：0	0	—
大豆单作	CP：63	—	63
	RP：51	—	51
	P0：0	—	0

玉米—大豆套作模式采用宽窄行种植，种植比例为 2∶2，玉米宽行 160 cm，窄行（两行玉米的间距）40 cm，于玉米宽行中种植 2 行大豆，其间距为 40 cm，玉米和大豆行间距为 60 cm。玉米、大豆穴距均为 17 cm，玉米每穴单株，密度为每公顷 5.85 万株；大豆每穴双株，密度为每公顷 11.7 万株。相邻 2 行玉米和 2 行大豆组成 1 个玉米—大豆套作带，带宽 2 m，每个处理连续种 3 带，带长 6 m，小区面积 36 m^2。玉米单作模式行间距 100 cm，穴

距 17 cm，每穴单株，密度为每公顷 5.85 万株；相邻 2 行玉米组成 1 个玉米带，带宽 2 m，每个处理连续种 3 带，带长 6 m，小区面积 36 m^2。大豆单作模式行间距 50 cm，穴距 34 cm，每穴双株，密度为每公顷 11.7 万株；相邻 4 行大豆组成 1 个大豆带，带宽 2 m，每个处理连续种 3 带，带长 6 m，小区面积 36 m^2。2015 年，4 月 6 日播种玉米，8 月 7 日收获，大豆于玉米大喇叭口期——6 月 16 日播种，10 月 21 日收获；2016 年，4 月 15 日播种玉米，8 月11 日收获，大豆于玉米大喇叭口期——6 月 21 日播种，10 月 29 日收获。

施肥如下：各处理氮钾肥施用水平相同，即玉米和大豆氮肥施用量分别为 180 $kg \cdot ha^{-1}$N 和 60 $kg \cdot ha^{-1}$N，钾肥施用量分别为 112.5 $kg \cdot ha^{-1}K_2O$ 和 52.5 $kg \cdot ha^{-1}K_2O$；玉米所需的 1/3 氮肥（60 $kg \cdot ha^{-1}$N）和所有磷、钾肥作为基肥施用，2/3 氮肥（120 $kg \cdot ha^{-1}$N）于玉米大喇叭口期追施。大豆所需的氮、磷、钾肥均于大豆播种时施用。

4.2.3 测定项目与方法

4.2.3.1 植物样品采集与测定

分别于玉米成熟期和大豆成熟期，随机选择 20 株有代表性的玉米和大豆植株进行取样，风干后考种，测定玉米千粒重、穗粒数及大豆单株荚粒数、荚数、百粒重，并计算出理论产量；将植株地上部烘干称重作为地上部干物质积累量，粉碎、过筛，测定植物样品全磷含量并将其作为地上部吸磷量，其测定指标及方法见表 4.2。

表 4.2 测定指标及方法

测定指标		测定方法
植物	全磷	$H_2SO_4-HClO_4$—钼锑抗比色法
	全磷	$H_2SO_4-HClO_4$—钼锑抗比色法
	速效磷	Olsen 法
	磷酸酶	磷酸苯二钠比色法
土壤	磷分级	Sui 法
	水溶性磷	$CaCl_2$浸提—钼锑抗比色法
	磷吸附	Moughli 法
	磷解吸	Hesse 法
径流	全磷	HNO_3-HClO_4—钼锑抗比色法

4.2.3.2　土壤样品采集与测定

于玉米和大豆收获后分别采集土样。图4.2为土壤样品采集点分布。玉米带和大豆带土壤均取0～20 cm土层的土样，采集好的土样带回实验室风干，分别测定其相应的化学指标［土壤全磷、速效磷、水溶性磷（$CaCl_2$—P）、无机磷分级和酸性磷酸酶活性］。

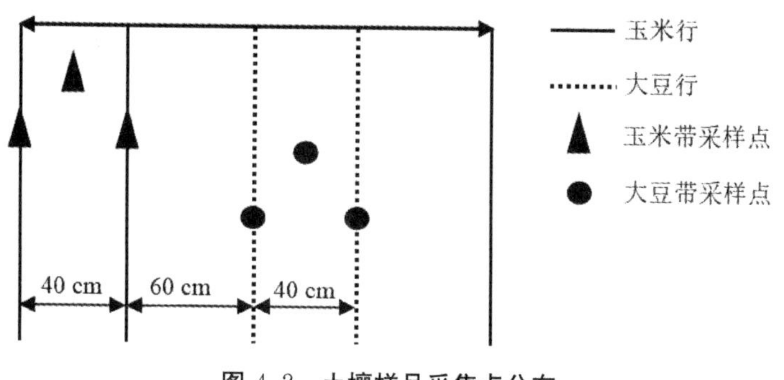

图4.2　土壤样品采集点分布

4.2.3.3　地表径流样品采集与测定

每个小区面积为36 m²，每个小区都有排水沟。农田排水沟低于田面10～15 cm，每块田周围有田埂。当地表有径流时，进行取样，将它们带回实验室测定径流中的总磷含量。

4.2.3.4　吸附试验

每个土样称取10份，每份土样取1.00 g，其粒径大小均小于2 mm，分别放入10个50 mL的聚乙烯离心管中，然后分别加入含磷量为3、5、7、9、12、18、24、30、40、50 mg/L的0.01 mol/L $CaCl_2$溶液20 mL，同时加入2～3滴甲苯以抑制微生物生长，加塞，置于25℃下恒温震荡24 h，振速为180 r/min，平衡后离心10 min（4000 r/min），取上清液测定其磷浓度，计算土壤吸磷量及相关吸附参数。

4.2.3.5　解吸试验

吸附试验结束后，用95％的酒精清洗土样中游离的塑料管壁上残留的磷酸盐，加入20 mL 0.01 mol/L的$CaCl_2$溶液，加塞，25℃下恒温震荡24 h，转速180 r/min，平衡后离心10 min（4000 r/min），取上清液测定溶液中磷浓度，计算磷解吸量。

4.2.4 计算方法

磷肥利用率可用磷表观利用率（*PAUE*）来表示，其计算公式如下：

$$PAUE=\frac{\text{施磷处理植株地上部总吸磷量}-\text{不施磷处理植株地上部总吸磷量}}{\text{施磷处理的施磷量}}\times 100\%$$

用含不同磷质量体积浓度的溶液处理土壤，待吸附—解吸平衡后，测定平衡溶液中磷质量体积浓度，将所测结果用 Langmuir 方程进行拟合：

$$C/X=C/X_m+1/KX_m$$

式中，C 为平衡液质量体积浓度，X 为单位土壤的吸附量，K 为吸附强度因子，X_m为土壤最大吸磷量。

4.2.5 数据处理与分析

利用 Excel 2010 软件进行数据处理，运用 DPS7.05 软件对数据进行方差分析，利用 LSD 法进行显著性分析（$\alpha=0.05$），利用 Excel 2010 软件制作图表。

4.3 结果与分析

4.3.1 不同种植模式和施磷水平下作物地上部干物质积累量

不同种植模式和施磷水平下玉米和大豆地上部干物质积累量见表 4.3。从表 4.3 可以看出，不同种植模式下，2015 和 2016 年的玉米、大豆地上部干物质积累量均以玉米—大豆套作模式最高，玉米、大豆平均值分别比单作增加了 3.8%、5.5%，这说明玉米—大豆套作模式有利于作物地上部干物质的量的积累。不同施磷水平下，2015 和 2016 年连续两年大田试验的玉米、大豆地上部干物质积累量变化规律一致，套作模式均以 RP 处理最高；单作均以 CP 处理最高，但 CP 处理与 RP 处理整体差异不显著，且 CP 与 RP 处理均显著高于 P0 处理。这说明与 CP 处理相比，RP 处理不会显著降低玉米和大豆单作模式的地上部干物质积累量，而在套作模式中 RP 处理的作物地上部干物质积累量高于 CP 处理。

表 4.3　不同种植模式和施磷水平下玉米和大豆地上部干物质积累量（kg・ha^{-1}）

年份	处理	玉米			大豆		
		CP	RP	P0	CP	RP	P0
2015	M	16179±195aB	16085±167aB	14291±108bA	—	—	—
	M/S	16222±173aA	16788±366aA	14857±363bA	4997±128aA	5165±69aA	4105±129bA
	S	—	—	—	4893±36aA	4797±173aA	3426±270bB
2016	M	15491±267aB	15344±259aB	13712±265bA	—	—	—
	M/S	15879±112bA	16511±205aA	14264±174cA	4225±106aA	4476±155aA	3581±199bA
	S	—	—	—	4101±198aA	4159±143aB	3547±62bB

注：不同小写字母表示相同种植模式下各施磷水平处理间差异显著（$P<0.05$），不同大写字母表示相同施磷水平下各种植模式处理间差异显著（$P<0.05$）。

4.3.2　不同种植模式和施磷水平下作物籽粒产量

合理的种植模式和适量的减施磷肥对玉米和大豆的籽粒产量的影响不尽相同（表 4.4）。2015 和 2016 年，在施磷条件下，套作模式下玉米籽粒产量均以 RP 处理最高，其平均值比 CP 处理高 5.1%，而单作模式下玉米籽粒产量在 RP 处理下略有降低，但差异不显著；套作模式下玉米籽粒产量均比单作模式高，三个施磷水平下平均值比单作模式高 4.9%。这说明套作模式下玉米籽粒产量优于玉米单作模式，且在套作模式中的 RP 处理可以进一步提高玉米籽粒产量。2015 和 2016 年，在套作和单作两种模式下，RP 处理的大豆籽粒产量均比 CP 处理低，套作模式下比 CP 低 2.9%，单作模式下比 CP 低 3.8%；不同种植模式下，大豆产量均以单作模式较高，三种施磷水平下的平均值比套作模式高 4.6%，但单位面积作物产量套作模式要显著高于单作模式。这说明套作模式下适当的减施磷肥对玉米的产量有一定的促进作用，对大豆的产量有较小的限制作用，但对单位面积的作物产量有明显的促进作用。

表 4.4 不同种植模式和施磷水平下玉米和大豆的籽粒产量（kg·ha^{-1}）

年份	处理	玉米			大豆		
		CP	RP	P0	CP	RP	P0
2015	M	8212±269aA	8147±129aB	5679±67bA	—	—	—
	M/S	8413±132bA	8946±194aA	5846±166cA	1830±28aA	1787±60aA	1480±21cB
	S	—	—	—	1914±49aA	1863±39bA	1663±33cA
2016	M	9344±264aB	9268±120aB	6277±127bA	—	—	—
	M/S	9544±173bA	9935±84aA	6543±93cA	1580±77aB	1524±23aB	1314±22bB
	S	—	—	—	1672±85aA	1585±42bA	1408±17cA

注：不同小写字母表示相同种植模式下各施磷水平处理间差异显著（$P<0.05$），不同大写字母表示相同施磷水平下各种植模式处理间差异显著（$P<0.05$）。

4.3.3 不同种植模式和施磷水平下作物植株地上部吸磷量

合理的种植模式和施磷量有利于提高玉米、大豆植株地上部吸磷量（表4.5）。2015 和 2016 年，不同种植模式下，三种施磷水平的玉米、大豆植株地上部吸磷量均以套作模式最高，平均值分别比单作模式高 8.2%、13.0%。这说明玉米—大豆套作模式可以促进玉米和大豆对磷素的吸收利用，且在玉米—大豆套作模式下，RP 处理可以进一步促进作物对磷素的吸收利用，RP 处理下，玉米、大豆的吸磷量分别比 CP 处理增加了 4.7%、4.4%。而单作模式下，减施磷肥对植株地上部吸磷量有一定程度的抑制，但与常规施磷量处理差异不显著。由此可见，适当的减施磷肥（比农民常规施磷量减少 20%）不会对单作模式下玉米和大豆的吸磷量造成显著影响，而在套作模式下反而能显著增加作物对磷素的吸收，这可能与作物间的根系交互作用有关。

表 4.5 不同种植模式和施磷水平下玉米和大豆植株地上部吸磷量（kg·ha^{-1}）

年份	处理	玉米			大豆		
		CP	RP	P0	CP	RP	P0
2015	M	34.5±0.7aA	33.1±1.2aB	24.2±0.9bB	—	—	—
	M/S	36.5±1.1aA	36.7±2.6aA	25.0±1.5bA	23.9±0.2aA	24.2±1.1aA	19.0±0.7bA
	S	—	—	—	21.9±0.5aB	21.2±0.4aB	17.3±0.5bB
2016	M	41.5±2.3aB	39.8±1.5aB	31.9±3.6bA	—	—	—
	M/S	43.9±1.8aA	45.6±2.1aA	32.8±2.2bA	32.1±2.7bA	33.4±0.9aA	26.3±0.9cA
	S	—	—	—	28.5±1.0aB	27.6±0.4aB	23.1±0.4bB

注：不同小写字母表示相同种植模式下各施磷水平处理间差异显著（$P<0.05$），不同大写字母表示相同施磷水平下各种植模式处理间差异显著（$P<0.05$）。

4.3.4 不同种植模式和施磷水平下作物磷素表观利用率

不同种植模式和施磷水平下玉米和大豆磷素表观利用率见表 4.6。由表 4.6 可以看出，2015 和 2016 年的玉米、大豆磷素表观利用率均表现为套作模式高于单作模式，RP 处理显著高于 CP 处理。与 CP 处理相比，RP 处理下的单作模式的玉米和单作模式的大豆磷素表观利用率分别提高了 5.3%和 3.2%，差异不显著；套作模式下，玉米和大豆磷素表观利用率分别显著提高了 29.6%和 41.8%。说明套作模式下适当的减施磷肥显著提高了作物对磷素的表观利用率。不同的种植模式下，玉米、大豆磷素表观利用率在三种施磷水平下均表现为套作模式高于单作模式，套作模式下两年的平均值分别比单作模式高 31.2%、27.3%，说明套作模式能显著提高作物磷素表观利用率。

表 4.6 不同种植模式和施磷水平下玉米和大豆磷素表观利用率（%）

年份	处理	玉米			大豆		
		CP	RP	P0	CP	RP	P0
2015	M	9.8±0.01bB	10.5±0.03aB	—	—	—	—
	M/S	11.0±0.01bA	14.1±0.02aA	—	7.8±0.01bA	10.2±0.03aA	—
	S	—	—	—	7.3±0.01aA	7.6±0.01aB	—
2016	M	9.1±0.01aB	9.4±0.03aB	—	—	—	—
	M/S	10.6±0.01bA	15.2±0.01aA	—	9.2±0.01bA	13.9±0.02aA	—
	S	—	—	—	8.6±0.01aB	8.8±0.02aB	—

注：不同小写字母表示相同种植模式下各施磷水平处理间差异显著（$P<0.05$），不同大写字母表示相同施磷水平下各种植模式处理间差异显著（$P<0.05$）。

4.3.5 不同种植模式和施磷水平下土壤全磷和速效磷含量

不同种植模式和施磷水平下玉米带和大豆带土壤全磷含量见表 4.7。从表 4.7 可以看出，2015 和 2016 年的套作模式与单作模式相比，三种施磷水平下，套作模式提高了玉米带和大豆带土壤全磷含量，其平均值分别提高了 6.8%、3.8%，且在三种施磷水平下，M/S 与 S 差异均达显著水平。在不同施磷水平下，套作模式在 RP 处理下玉米带和大豆带土壤全磷含量与 CP 处理差异不显著，但均显著高于 P0 处理；而单作模式下的 RP 处理的玉米带和大豆带土壤全磷含量较 CP 处理显著降低，分别降低了 5.6%、4.0%。

表4.7 不同种植模式和施磷水平下玉米带和大豆带土壤全磷含量（g·kg⁻¹）

年份	处理	玉米带			大豆带		
		CP	RP	P0	CP	RP	P0
2015	M	0.97±0.03aB	0.92±0.08bB	0.88±0.07cB	—	—	—
	M/S	1.02±0.04aA	1.01±0.04aA	0.92±0.11bA	1.01±0.05aA	1.00±0.07aA	0.95±0.02bA
	S	—	—	—	0.99±0.13aB	0.95±0.04bB	0.89±0.08cB
2016	M	1.01±0.03aB	0.95±0.08bB	0.86±0.05cB	—	—	—
	M/S	1.04±0.06aA	1.04±0.02aA	0.94±0.02bA	1.05±0.03aA	1.01±0.01bA	0.94±0.07cA
	S	—	—	—	1.02±0.04aB	0.98±0.04bB	0.91±0.05cB

注：不同小写字母表示相同种植模式下各施磷水平处理间差异显著（$P<0.05$），不同大写字母表示相同施磷水平下各种植模式处理间差异显著（$P<0.05$）。

不同种植模式和施磷水平对玉米带和大豆带土壤中速效磷含量均有影响（表4.8）。不同施磷水平下，两年的变化规律一致，套作模式和单作模式的玉米带土壤速效磷含量均以RP处理最高，平均值比CP处理高10.0%；套作模式下大豆带土壤速效磷含量也均以RP处理最高，平均值比CP处理高13.3%，差异显著。这说明套作模式下，适当的减施磷肥有利于土壤速效磷的增加。而单作模式下大豆带土壤速效磷含量以CP处理最高，平均值比RP处理高14.5%，且RP处理与CP处理均显著高于P0处理，这说明单作模式下，土壤速效磷含量受施磷量的影响较大。

表4.8 不同种植模式和施磷水平下玉米带和大豆带土壤速效磷含量（mg·kg⁻¹）

年份	处理	玉米带			大豆带		
		CP	RP	P0	CP	RP	P0
2015	M	23.8±1.6bA	27.5±1.5aB	19.3±1.8cA	—	—	—
	M/S	25.5±1.2bA	29.2±1.3aA	22.1±1.1cA	21.8±1.2bB	25.2±1.5aA	19.1±1.1cA
	S	—	—	—	22.7±1.7aA	19.5±1.8bB	18.3±1.6cA

续表

年份	处理	玉米带			大豆带		
		CP	RP	P0	CP	RP	P0
2016	M	29.8±1.7bB	31.5±1.4aB	23.2±1.8cA	—	—	—
	M/S	33.2±1.2bA	35.3±1.1aA	24.4±1.5cA	25.6±1.1bA	28.5±2.6aA	19.3±1.7cA
	S	—	—	—	22.4±1.7aB	19.9±1.5bB	18.7±1.9cA

注：不同小写字母表示相同种植模式下各施磷水平处理间差异显著（$P<0.05$），不同大写字母表示相同施磷水平下各种植模式处理间差异显著（$P<0.05$）。

4.3.6 种植模式与施磷水平对作物体系土壤磷等温吸附特性的影响

将各处理土壤等温吸附试验数据用 Langmuir 方程进行拟合，不同种植模式及施磷水平下玉米带土壤磷吸附的 Langmuir 方程及吸附参数见表 4.9，不同种植模式及施磷水平下大豆带土壤磷吸附的 Langmuir 方程及吸附参数见表 4.10。其中，X_m（mg/kg）为土壤最大吸磷量；K 是与吸附性能有关的常数；MBC（$MBC=K\cdot X_m$）表示固液体系吸附溶质的缓冲能力，该值越大，说明土壤储存磷的能力越强。若 X_m 大，而 MBC 小，则土壤结合能力低，磷易流失；当 X_m 大，而 MBC 也较大时，土壤对磷的固持能力才较强，磷不易流失。对磷的吸附容量是评价磷释放风险的指标之一，吸附容量越大，其环境风险越小。

表 4.9 不同种植模式及施磷水平下玉米带土壤磷吸附的 Langmuir 方程及吸附参数

年份	处理		Langmuir 方程	X_m (mg/kg)	K	MBC (mg/kg)	R^2
2015	M	CP	$C/X=0.0052C+0.0397$	192.30d	0.131a	25.19b	0.962
		RP	$C/X=0.0044C+0.0346$	227.27a	0.127b	28.90a	0.988
		P0	$C/X=0.0049C+0.0544$	204.08b	0.090c	18.38c	0.987
	M/S	CP	$C/X=0.0046C+0.0272$	217.39b	0.169b	36.76b	0.995
		RP	$C/X=0.0043C+0.0224$	232.55a	0.192a	44.64a	0.991
		P0	$C/X=0.0056C+0.0329$	178.57c	0.170b	30.40c	0.965

续表

年份	处理		Langmuir 方程	X_m (mg/kg)	K	MBC (mg/kg)	R^2
2016	M	CP	$C/X=0.0053C+0.0357$	188.67c	0.148b	28.01b	0.974
		RP	$C/X=0.0046C+0.0277$	217.39a	0.166a	36.10a	0.982
		P0	$C/X=0.0051C+0.0376$	196.10b	0.136c	26.60c	0.966
	M/S	CP	$C/X=0.0041C+0.0242$	243.90b	0.169b	41.32b	0.955
		RP	$C/X=0.0036C+0.0197$	277.77a	0.183a	50.76a	0.977
		P0	$C/X=0.0055C+0.0323$	181.81d	0.170b	30.96c	0.990

注：Langmuir 方程中 C 为平衡溶液中磷的浓度（μmol/L），X 为单位土壤的吸磷量(mg/100g)，不同小写字母表示相同种植模式下各施磷水平处理间差异显著（$P<0.05$）。

表 4.10　不同种植模式及施磷水平下大豆带土壤磷吸附的 Langmuir 方程及吸附参数

年份	处理		Langmuir 方程	X_m (mg/kg)	K	MBC (mg/kg)	R^2
2015	S	CP	$C/X=0.0047C+0.0473$	212.77b	0.099b	21.14c	0.938
		RP	$C/X=0.0045C+0.0394$	222.22a	0.115a	25.33a	0.982
		P0	$C/X=0.0049C+0.0426$	204.08c	0.115a	23.47b	0.986
	M/S	CP	$C/X=0.005C+0.0445$	200.00c	0.112b	22.47c	0.959
		RP	$C/X=0.004C+0.0244$	250.00a	0.163a	40.98a	0.956
		P0	$C/X=0.0047C+0.0411$	212.76b	0.114b	24.33b	0.986
2016	S	CP	$C/X=0.0045C+0.0476$	222.22b	0.095c	21.01c	0.945
		RP	$C/X=0.0044C+0.0385$	227.27a	0.114a	25.97a	0.975
		P0	$C/X=0.0045C+0.0420$	222.22b	0.107b	23.81b	0.977
	M/S	CP	$C/X=0.0045C+0.0414$	222.22b	0.108a	24.15b	0.985
		RP	$C/X=0.0041C+0.0376$	243.90a	0.109a	26.59a	0.989
		P0	$C/X=0.0041C+0.0378$	243.90a	0.108a	26.45a	0.988

注：Langmuir 方程中 C 为平衡溶液中磷的浓度（μmol/L），X 为单位土壤的吸磷量(mg/100g)，不同小写字母表示相同种植模式下各施磷水平处理间差异显著（$P<0.05$）。

由表 4.9 可知，在相同种植模式下，不同施磷水平之间相比较，2015 和 2016 年的玉米带 X_m 值均表现为 RP 处理最大，表明 RP 处理相对于其他施磷处理来说对土壤磷素容量较大。除 2015 年单作玉米处理外，K 值也表现为 RP 处理最大，表明 RP 处理下其对磷素吸附能力较强。2015 与 2016 年土壤 MBC

值表现为：RP＞CP＞P0。综上可知，各施磷处理中，RP 处理具有最高的 *MBC* 值和 X_m值，表明 RP 处理下土壤对磷固持能力较强，磷不易流失。总的来看，两年内玉米带土壤的 X_m、*MBC* 值均表现出施磷量为 RP、种植模式为 M/S 时最大。综上结果表明，当种植模式为 M/S，施磷量为 RP 时，玉米带土壤磷素吸附量最大，其环境风险最小。

由表 4.10 可知，相同种植模式下，不同施磷水平之间相比较，2015 和 2016 年的大豆带 X_m值均表现为 RP 处理最大，表明 RP 处理相对于其他施磷处理来说对土壤磷素容量较大；*K* 值也表现为 RP 处理最大，表明 RP 处理下其对磷素吸附能力较强；2015 与 2016 年土壤 *MBC* 值也表现为 RP 处理最大。相同施磷水平下，不同种植模式之间相比较，两年内大豆带 X_m值总体表现为 M/S>S，表明 M/S 模式相对于 S 模式来说土壤磷素容量更大；*MBC* 值均表现为 M/S＞S，这说明当种植模式为 M/S 时，大豆带土壤磷素吸附量最大，其环境风险最小。

4.3.7 种植模式与施磷水平对作物体系土壤磷解吸特性的影响

用方程 $y=a+bx$ 拟合土壤中磷吸附量与解吸量的相关关系，各处理供试土壤的解吸量与吸附量均呈现出正相关。斜率 b 为单位吸附量的解吸量，b 值越大，表明土壤对外源磷的缓冲能力越差。

不同种植模式及施磷水平下玉米带土壤中磷解吸量与吸附量的关系见表 4.11。由表 4.11 可知，相同施磷水平下，不同种植模式之间相比较，两年内玉米带土壤的 b 值均表现为 M>M/S，这表明玉米带土壤对磷素的缓冲能力为 M/S>M。相同种植模式下，不同施磷水平之间相比较，M/S 模式下两年内的玉米带土壤的 b 值均表现为 CP＞P0＞RP，说明玉米带土壤对磷素的缓冲能力为 RP＞P0＞CP。这表明玉米—大豆套作模式下适当的减施磷肥可以进一步增加玉米带土壤对磷素的缓冲能力。

表 4.11　不同种植模式及施磷水平下玉米带土壤中磷解吸量与吸附量的关系

年份	处理		$y=a+bx$		
			a	b	R^2
2015	M	CP	−3.94	0.137a	0.957
		RP	−1.62	0.072c	0.922
		P0	−2.83	0.103b	0.914
	M/S	CP	−4.46	0.115a	0.942
		RP	−1.43	0.058c	0.961
		P0	−2.59	0.087b	0.945
2016	M	CP	−4.25	0.136a	0.962
		RP	−3.57	0.104c	0.955
		P0	−4.3	0.127b	0.97
	M/S	CP	−4.5	0.11a	0.944
		RP	−0.82	0.054c	0.984
		P0	−2.22	0.082b	0.963

注：不同小写字母表示相同种植模式下各施磷水平处理间差异显著（$P<0.05$）。

不同种植模式及施磷水平下大豆带土壤中磷解吸量与吸附量的关系见表 4.12。由表 4.12 可知，相同施磷水平下，不同种植模式之间相比较，除 2015 年 CP 外，大豆带土壤的 b 值均表现为 M>M/S，这表明大豆带土壤对磷素的缓冲能力为 M/S>M。相同种植模式下，不同施磷水平之间相比较，两年内大豆带土壤的 b 值均表现为 CP>P0>RP，说明大豆带土壤对磷素的缓冲能力表现为 RP>P0>CP。其中，CP 处理的 b 值最大，表明 CP 处理下其缓冲能力均较差；RP 处理的 b 值最小，表明 RP 处理下其缓冲能力最好。因此，在合理的种植模式（M/S）下，施以适量的磷肥（RP），可以增加土壤对磷素的缓冲能力，从而降低磷素流失的风险。

表 4.12　不同种植模式及施磷水平下大豆带土壤中磷解吸量与吸附量的关系

年份	处理		$y=a+bx$		
			a	b	R^2
2015	M	CP	−3.72	0.127a	0.957
		RP	−3.09	0.102c	0.961
		P0	−3.13	0.122b	0.951
	M/S	CP	−4.87	0.141a	0.966
		RP	−1.88	0.086c	0.98
		P0	−1.94	0.108b	0.993
2016	M	CP	−1.71	0.142a	0.964
		RP	−2.69	0.105b	0.951
		P0	−2.61	0.140a	0.979
	M/S	CP	−1.77	0.102a	0.935
		RP	−1.2	0.078c	0.99
		P0	−1.72	0.090b	0.984

注：不同小写字母表示相同种植模式下各施磷水平处理间差异显著（$P<0.05$）。

4.3.8　不同种植模式和施磷水平下地表径流总磷量

不同种植模式和施磷水平下地表径流总磷量见表 4.13。从表 4.13 可以看出，2015 和 2016 年，地表径流总磷量随着施磷量的减少而显著降低，玉米单作模式、大豆单作模式和套作模式均呈现出此趋势，这说明适当的减施磷肥可以降低地表径流中的总磷含量。三种施磷水平下，套作模式中地表径流总磷量均显著低于单作模式，两年均呈现出此趋势，这说明玉米—大豆套作模式能有效控制土壤中磷素的流失，在保证作物产量的前提下，适当的减施磷肥能够更有效地降低土壤地表径流中的含磷量。

表 4.13　不同种植模式和施磷水平下地表径流总磷量（mg·L^{-1}）

年份	处理	玉米成熟期			大豆成熟期		
		CP	RP	P0	CP	RP	P0
2015	M	1.16±0.06aA	0.82±0.04bA	0.59±0.03cA	1.09±0.06aA	0.73±0.05bA	0.48±0.03cA
	M/S	0.79±0.02aB	0.51±0.06bC	0.46±0.08cB	0.74±0.06aC	0.46±0.03bC	0.45±0.06bB
	S	1.13±0.05aA	0.73±0.03bB	0.55±0.01cB	0.90±0.02aB	0.65±0.07bB	0.48±0.02cA
2016	M	1.17±0.03aA	0.73±0.03bA	0.56±0.02cA	0.93±0.09aA	0.59±0.02bA	0.43±0.02cA
	M/S	0.87±0.05aB	0.59±0.02bB	0.45±0.01cB	0.72±0.04aB	0.53±0.01bB	0.39±0.01cB
	S	1.07±0.06aA	0.64±0.05bA	0.53±0.03cA	0.89±0.03aA	0.60±0.02bA	0.41±0.04cA

注：不同小写字母表示相同种植模式下各施磷水平处理间差异显著（$P<0.05$），不同大写字母表示相同施磷水平下各种植模式处理间差异显著（$P<0.05$）。

4.3.9　不同种植模式和施磷水平下土壤水溶性磷（$CaCl_2$—P）含量

$CaCl_2$—P 是土壤中易溶于水的一种磷形态，水中磷流失概率可由土壤中 $CaCl_2$—P 含量的高低来预判，$CaCl_2$—P 含量越高，越易流失。不同种植模式和施磷水平下玉米带和大豆带土壤 $CaCl_2$—P 含量见表 4.14。从表 4.14 可知，玉米—大豆套作模式下，2015 和 2016 年玉米带土壤的 $CaCl_2$—P 含量显著低于玉米单作模式，分别低 16.9%和 14.8%；2015 年和 2016 年大豆带土壤的 $CaCl_2$—P 含量分别降低了 8.9%和 11.0%。三种种植模式下，与 CP 处理相比，RP 处理和 P0 处理均能显著降低土壤的 $CaCl_2$—P 含量。两年内，玉米带土壤的 $CaCl_2$—P 含量表现为：RP 处理比 CP 处理分别降低 16.6%和 16.1%。大豆带土壤的 $CaCl_2$—P 含量表现为：RP 处理比 CP 处理分别降低 17.8%和 14.4%。这说明玉米—大豆套作模式下和适当的减施磷肥均能显著降低土壤中 $CaCl_2$—P 含量。

表 4.14 不同种植模式和施磷水平下玉米带和大豆带土壤 $CaCl_2$－P 含量（$mg \cdot kg^{-1}$）

年份	处理	玉米带			大豆带		
		CP	RP	P0	CP	RP	P0
2015	M	0.96±0.03aA	0.81±0.04bA	0.59±0.06cA	—	—	—
	M/S	0.79±0.02aB	0.65±0.03bB	0.52±0.01cB	0.81±0.02aB	0.72±0.01bA	0.52±0.02bB
	S	—	—	—	0.93±0.03aA	0.71±0.04bA	0.61±0.05cA
2016	M	0.98±0.01aA	0.85±0.03bA	0.61±0.05cA	—	—	—
	M/S	0.88±0.02aB	0.71±0.02bB	0.49±0.03cB	0.82±0.02aB	0.69±0.04bB	0.51±0.03cB
	S	—	—	—	0.92±0.01aA	0.80±0.06bA	0.55±0.07cA

注：不同小写字母表示相同种植模式下各施磷水平处理间差异显著（$P<0.05$），不同大写字母表示相同施磷水平下各种植模式处理间差异显著（$P<0.05$）。

4.4 讨论

4.4.1 种植模式及施磷水平对作物地上部干物质积累量、籽粒产量及磷素吸收利用的影响

间套作模式可通过不同作物间根系的分布层次和其分泌物的不同来促进作物充分挖掘利用土壤中的磷素。刘小明等研究发现，与单作模式相比，玉米—大豆套作模式下，土地当量比（*LER*）显著增加，这有利于整个系统总产量的增加。学者通过对小麦—玉米—大豆间套作模式的研究发现，与单作模式相比，三种作物地上部干物质积累量和产量均显著增加。此外，在作物间套作模式中，种间竞争引起的根际互作有利于充分利用土地中的养分，从而提高套作系统的生产力。本书研究中，单位面积下与单作模式相比，作物地上部干物质积累量、籽粒产量在套作模式下均显著增加，且在套作模式下的 RP 处理下最高，其原因可能是在套作模式下减施磷肥后，土壤中的磷素含量不够多，促进了套种作物间相互竞争，进而促进了作物的生长。有研究表明，与单作模式相

比，玉米—大豆套作模式下玉米植株地上部磷素积累量和磷素当季利用率显著提高。本书研究中，玉米—大豆套作模式下，玉米、大豆植株地上部吸磷量分别较单作模式增加了 8.2%、13.0%，磷素表观利用率增加了 31.2%、27.3%，这说明玉米—大豆套作模式的确有利于玉米和大豆对磷素的吸收利用。研究发现，与常规施磷相比，适当减量施磷对玉米产量没有显著影响，磷素表观利用率能提高几个百分点。在本书研究中，RP 处理与 CP 处理相比，显著提高了玉米和大豆的磷素利用率，玉米籽粒产量在 M/S 模式的 RP 处理下显著高于 M/S 模式的 CP 处理，而大豆产量略有降低，但差异不显著。这说明在套作模式下 RP 处理有利于提高作物对磷肥的吸收利用率及作物产量和吸磷量，其原因可能是在减施磷肥的情况下，促进了玉米和大豆之间的相互竞争，更加高效利用了土壤中有限的磷资源。

4.4.2　种植模式及施磷水平对土壤全磷、速效磷的影响

目前，有大量研究表明，间套作模式能显著提高系统作物对土壤氮、磷等养分的吸收利用率，能够充分利用土地资源。Betencourt 等研究发现，在低磷条件下，套作模式的作物根际土壤磷的含量显著高于单作模式，有利于作物增产和提高作物的磷素利用率。本书研究中，2015 与 2016 年的套作模式较单作模式均显著提高了玉米、大豆土壤全磷和速效磷含量，全磷分别提高了 8.7%、7.5%，速效磷分别提高了 9.4%、14.8%；套作模式下适当减施磷肥较常规施磷进一步提高了玉米、大豆速效磷含量，分别提高了 13.3%、10.0%。吴启华等的研究结果也得到以上结论。这说明玉米—大豆套作模式下适当减施磷肥（比常规施磷量减少 20%）能够显著提高土壤的有效磷含量，这可能是套作模式下单位面积土地磷肥叠加施用引起的。

4.4.3　不同种植模式和施磷水平下，土壤对磷的吸附—解吸及其磷素流失风险的影响

近年来，Cui 等为了让中国农业生产走出一条高产高效、节约资源、环境友好的现代化农业发展道路，做了大量的研究，并为中国农业现代化发展道路绘制了蓝图，也为全球可持续集约化现代农业的发展提供了范例。Chen 等研究指出，运用“土壤—作物系统综合管理”等一系列合理的理论和技术可使中

国粮食产量平均增产三分之一左右、氮素流失量降低一半左右。此外，有研究表明，农业生产中磷肥的流失也是造成环境污染的主要因素，而磷素流失风险的大小与土壤对磷的吸附—解吸特征显著相关，因此，运用哪种理论与技术来控制土壤中磷素的流失也显得非常重要。本书研究得出，在不同的种植模式中，玉米—大豆套作模式下土壤最大吸磷量（X_m）最大，固液体系吸附溶质的缓冲能力（*MBC*）也最大，单位吸附量的解吸量（*b*）最小，表明该土壤对磷的固持能力较强，能够有效降低磷素流失风险，进而有利于节约磷矿资源、减少环境污染，促进农业可持续发展，这与前人对玉米—大豆套作模式下土壤对磷的吸附—解吸研究结果类似。刘飞研究发现，与常规施磷量相比，控制磷肥施用量能抑制磷的流失，使之平均减少流失 5.72%。龚蓉等研究表明，与当地农民常规施磷量相比，磷肥减量 20%左右能显著降低土壤中的有效磷含量，进而降低磷素流失风险。本书研究中，适当减施磷肥较常规施磷而言，土壤最大吸磷量（X_m）最大，固液体系吸附溶质的缓冲能力（*MBC*）也最大，单位吸附量的解吸量（*b*）最小，土壤对磷的固持能力较强，能有效降低磷素流失风险。此外，玉米带和大豆带土壤水溶性磷含量均表现为玉米—大豆套作模式显著低于单作模式，与 CP 处理相比，RP 处理能显著降低土壤的水溶性磷含量，说明玉米—大豆套作模式下适当减施磷肥能进一步降低土壤中水溶性磷的含量，从而降低土壤中磷素的流失风险。

磷素通过地表径流的方式流入水中是引起水体富营养化的主要原因，当大田排水时，植物吸收不完全的磷元素就会随着水流进入排水沟汇入水体而造成污染。研究表明，减施磷肥能够显著降低旱地地表径流中的磷素流失量，与单作模式相比，蔬菜（豌豆、土豆等）在单作模式下的地表径流中的总磷含量远高于与其对应的套作模式，套作模式能显著降低农田地表径流和径流中磷含量，这说明套作模式和减施磷肥能有效控制磷素的流失。本试验中，玉米—大豆套作模式下，地表径流中的总磷含量显著低于玉米、大豆单作模式；而适当减施磷肥较常规施磷而言，地表径流中的总磷含量也显著降低，这说明随着施磷量的减少，磷素流失的风险降低，有利于保护环境。

4.5 本章小结

（1）在不同种植模式和施磷水平下，玉米—大豆套作模式下适当减施磷肥

（减施磷肥 20%）能在增加作物地上部干物质积累量和籽粒产量的同时提高磷素表观利用率。

（2）在不同种植模式和施磷水平下，玉米—大豆套作模式下适当减施磷肥（减施磷肥 20%）能显著提高作物的磷素吸收量、土壤全磷和速效磷含量。

（3）在不同种植模式和施磷水平下，玉米—大豆套作模式下适当减施磷肥（减施磷肥 20%）能增加土壤对磷的固持能力，有效保持土壤肥力，降低磷素流失风险。

综上所述，套作模式下减施磷肥 20%，一方面可以保证作物产量；另一方面也能节约资源，减少磷素流失风险。因此，在玉米—大豆套作模式中减施磷肥 20%不仅能解决土地资源浪费问题，而且可以控制农业面源污染的风险，保护环境，对农田磷素利用率的提高和农业生态环境协调发展具有重要作用。

第5章　玉米和大豆根系交互作用下作物根系分泌物介导土壤磷素有效性研究

研究表明，禾本科作物和豆科作物间套作种植，因作物种间的互补和互惠作用，提高了作物对养分资源利用率。在磷素养分方面，大量研究表明，豆科作物能够促进与之相邻的禾本科作物的磷素吸收，改变了根际土壤各形态磷素含量，提高了磷素有效性。充分发挥间套作系统对磷高效利用的优势，在减少化学磷肥的施用、促进农田土壤磷素可持续利用等方面具有重要的科学意义和实践价值。然而，在这种系统模式下，豆科和禾本科作物间作是通过何种机制来提高土壤磷素有效性的呢？我们假设玉米/大豆间作模式促进植物根系分泌物，能够促进土壤难溶性磷活化，以此来研究作物根系交互作用下玉米和大豆根系分泌物对土壤磷素有效性的影响，以期解释作物根系交互促进土壤磷活化和吸收的机制，为农田生态系统磷素可持续利用管理提供理论依据。

5.1　研究方案

5.1.1　研究目标与研究内容

本书以玉米 DH605 和大豆 ND12 为实验材料，设置高磷（HP）和低磷（LP）2 个磷水平及玉米单作、大豆单作、玉米/大豆间作 3 种种植模式，探究水培和土培下玉米和大豆植株生物量、植株磷累积量和吸收效率、土壤磷组分和根系酸性磷酸酶、根系分泌物情况，寻找土壤 pH、根系分泌有机酸等与磷有效性的关系，揭示玉米/大豆间作模式高效利用土壤磷素资源的生理生化机制。

5.1.2　技术路线

图 5.1 为技术路线图。

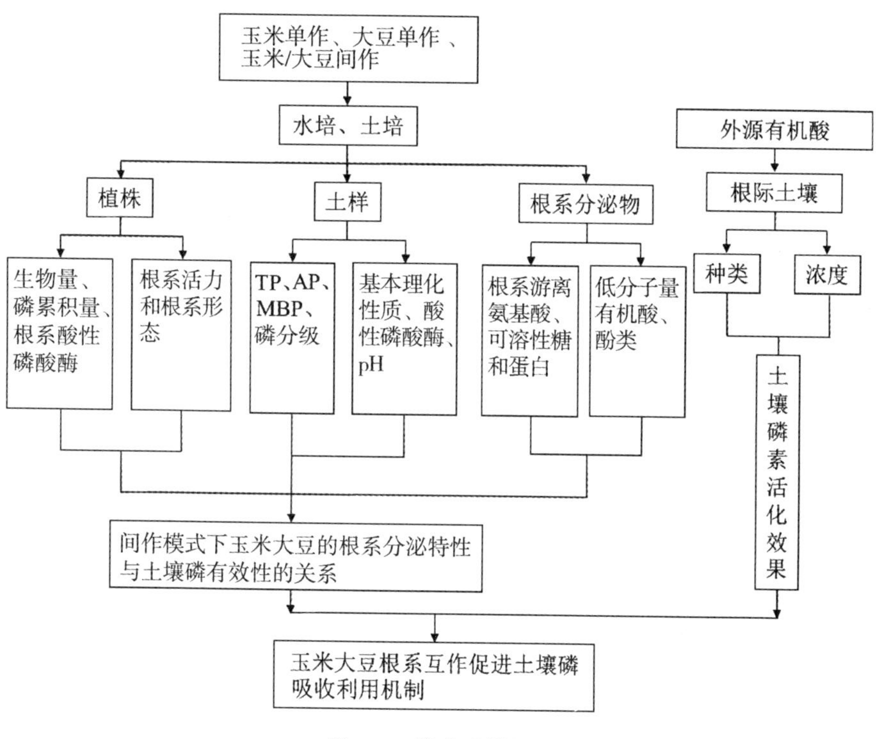

图 5.1　技术路线图

5.2　材料与方法

5.2.1　试验地概况与供试材料

试验在四川农业大学第三教学楼的大棚内进行。此地隶属成都市温江区，位于北纬 30°42′13″～30°42′43″，东经 103°51′26″～103°51′40″，海拔387 m 以上，属于亚热带湿润季风气候区，热量丰富、雨量充沛、四季分明。年平均气温在 15.2℃～16.6℃，最热月（7 月）平均气温为 26.7℃，最冷月（1 月）平均气温为 5.7℃，极端最高温度为 35℃，极端最低温度为－5.9℃。全年无霜期大于300天，年均降雨188天，年均降水量873～1265 mm，年均日照百分率一般在23%～30%之间，全年总日照时数1094.53 h，年均太阳辐射总量为80.0～93.5 kcal/cm^2，平均风速1.3 m/s。

供试土壤采自四川省成都市温江区休闲多年的农田0～20 cm表层土壤，供试土壤基本理化性质见表5.1。土壤过2 mm筛，自然风干，再喷施广谱性多菌灵杀菌消毒。

表5.1　供试土壤基本理化性质

pH	全氮(g/kg)	全磷(g/kg)	全钾(g/kg)	碱解氮(mg/kg)	速效磷(mg/kg)	速效钾(mg/kg)	有机质(g/kg)
7.37	1.00	0.76	17.30	9.91	6.50	17.40	0.27

供试玉米品种为紧凑型的登海605（山东登海种业股份有限公司提供），大豆品种为耐荫型南豆12（南充市农业科学院提供）。

水培容器尺寸为270 mm×160 mm×160 mm，容量4.5 L，泡沫板孔径4 cm。

土培盆栽试验所用容器的上口径34 cm、下口径27 cm，高度32 cm，分隔材料为2 cm孔径的尼龙网，用来防止一株植物超过另一株植物，以避免植物对光线的竞争。

5.2.2　试验设计

5.2.2.1　水培试验

为了便于收集植株根系分泌物，采用营养液培养方式。玉米和大豆种子用10%（*V*/*V*）H_2O_2表面消毒30 min，在饱和的$CaSO_4$溶液中浸泡8 h。用去离子水冲洗干净，然后包在浸湿蒸馏水的干净毛巾中，于室温黑暗中培养催芽。催芽后放入石英砂中培养5天，取出洗净，挑选长势均匀一致的幼苗，去除大豆子叶和玉米胚乳，在1/2改良型霍格兰营养液中培养4天，然后进行不同磷处理。基础营养液配方：0.75 mM[①] K_2SO_4、2 mM $Ca(NO_3)_2$、0.65 mM $MgSO_4$、0.1 mM KCl、0.25 mM KH_2PO_4、0.1 mM Fe(III)NaEDTA、10 μM H_3BO_3、1 μM $MnSO_4$、0.1 μM $CuSO_4$、1 μM $ZnSO_4$、0.01 μM $(NH4)_6Mo_7O_{24}$。

供试磷化合物为分析纯KH_2PO_4。溶液培养设高磷（HP）、低磷（LP）

① M为mol·L^{-1}。

两个处理组：高磷处理组培养液中含有0.25 mM KH_2PO_4，低磷处理组培养液中含有0.01 mM KH_2PO_4，用K_2SO_4补齐K^+。种植模式为单作玉米模式（每盆4株，M）、单作大豆模式（每盆4株，S）、玉米大豆间作模式（每盆2株玉米和2株大豆，M‖S），每个处理重复6次，每个处理的行株距均一致，均匀种植，图5.2为水培试验设计。培养液24 h通气，用HCl和NaOH溶液调整起始pH为6.00，每4天更换一次营养液。

图5.2 **水培试验设计**

5.2.2.2 土培试验

为了更加真实地反映大田环境，采用盆栽试验，每盆装风干土15 kg。采用二因素试验设计：因素一为种植模式，包括一盆2株玉米/4株大豆（M‖S）、4株玉米（M）、8株大豆（S）；因素二为施磷水平，包括高磷（200 mg/kg P）和低磷（20 mg/kg P），磷肥施用KH_2PO_4，钾肥用K_2SO_4配平，共6个处理，每个处理重复12次。为确保植物生长所需的其他营养物质充足，按照以下配比补充基本养分元素（mg/kg）：CH_4N_2O，429；K_2SO_4，446；$CaCl_2$，126；$MgSO_4 \cdot 7H_2O$，43.3；EDTA－FeNa，5.80；$MnSO_4 \cdot H_2O$，6.67；$ZnSO_4 \cdot 7H_2O$，10.0；$CuSO_4 \cdot 5H_2O$，2.00；H_3BO_3，0.67；$(NH_4)_6Mo_7O_{24} \cdot 4H_2O$，0.122。

按照前述方法进行种子灭菌和消毒，挑选大小均一且籽粒饱满的种子，播种于盆中，待第一片真叶完全展开后进行间苗，玉米每穴保留1株，大豆每穴保留2株，穴距12 cm，图5.3为不同植物组合的示意图。用尼龙网将植株分为两室，减少两侧对光线的竞争。

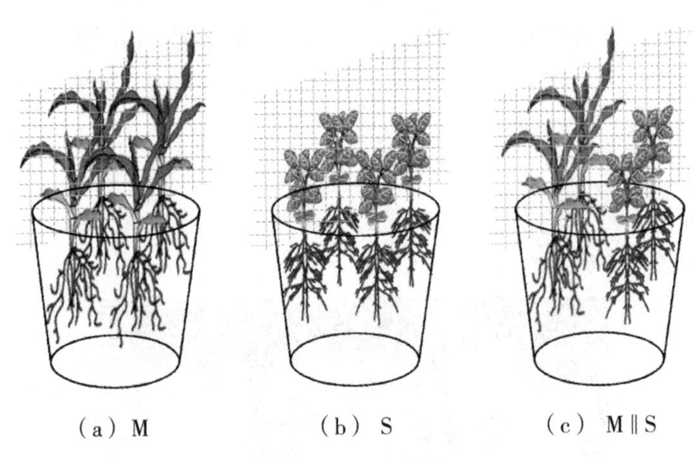

图 5.3 不同植物组合的示意图

5.2.2.3 有机酸对土壤磷素活化效果分析

外源有机酸为该实验收集所检测到的各有机酸组分，供试土壤为不同磷水平下的各处理混合土壤。具体步骤：准确称取过 100 目筛的土壤 1.0000 g，按照 1∶20 的水土比向各土壤中分别加入 5 mM 的氯化钙（对照）或 5 mM 的草酸、酒石酸、苹果酸、丙二酸、乳酸、乙酸、马来酸、柠檬酸、琥珀酸 20 mL 或等量不同浓度的有机酸，加一滴甲苯防腐。25℃恒温下 180 r/min 振荡 24 h，8000 r/min 离心 10 min，过滤。用钼蓝比色法测定浸出液中磷含量，分析不同种类和浓度的有机酸对土壤磷的活化效果，重复 4 次。

5.2.3 样品采集与测定

5.2.3.1 植株和土壤样品的采集

水培植株于移栽后第 40 天进行采样。挑选长势一致的玉米和大豆植株进行标记。将一部分植株样品分为根、茎、叶，用牛皮纸袋分装后在 105℃下杀青半小时，80℃下烘 3 天至恒重，粉碎后过筛，用于干物质生物量和磷含量的测定。另保留两份鲜样：一份液氮速冻，存于−80℃超低温冰箱，待测前需液氮研磨，用于叶片和根系可溶性糖、游离氨基酸和可溶性蛋白的测定；另一份带回实验室，立即用于根系活力的测定。实验中发现，玉米茎秆明显呈紫色，采集了新鲜茎秆用于花青素的提取测定。

土培植株于播种后分两次取样，在第 58 天（玉米抽穗期）测定株高和叶面积；然后将植株小心翼翼地从盆中整体取出，用经火焰灭菌的镊子刮取根系周围附着的土壤（1～4 mm），混匀采于一盆的土壤样品，快速过 2 mm 土筛，减少微生物分解。采集的植株样品在茎基部分为植株地上部及地下部，保留干样，处理同前。土壤样品一部分放于干燥通风处，用于测定 pH 值、速效磷和全磷含量。另再保留两份鲜样：一份用液氮速冻，带回实验室放于－80℃冰箱，用于有机酸和酚酸含量的测定；另一份放于－20℃冰箱，立即用于磷酸酶和微生物生物量磷的测定。在第 90 天，土壤采集方式同前，风干后用于土壤磷分级的测定。

5.2.3.2 根系分泌物的收集

水培植株在移栽后第 36 天将植株整体取出，先用自来水冲洗根部数次，然后用蒸馏水清洗 3 次，再用超纯水清洗 3 次。用滤纸吸干根表面水分后，将根系置于装有 500 mL 0.2 mM $CaCl_2$的黑色塑料盆中，一盆 4 株，用泡沫板和海绵固定植株，通氧收集 8 h（8：00—16：00），收集完后将植株放回原培养液。收集液先保存在 4℃冰箱内，立即抽滤过 0.45 μm 微孔滤膜，分装到100 mL的塑料离心管，放置于－80℃的冰箱内，用冷冻干燥机（LGJ－10C）浓缩至粉末状。

土壤根系分泌物的提取：称取 5 g 土壤鲜样于 50 mL 离心管中，加入 25 mL超纯水，180 r/min 振荡 10 min，然后 6000 r/min 离心 10 min，上清液过 0.45 微孔滤膜，冷冻干燥浓缩。酚酸的测定需要先加入少量甲醇溶解，放置 4℃温度下过夜，其他步骤同前。

5.2.3.3 植株磷含量、土壤速效磷、微生物生物量磷测定

植株株高采用皮尺量测，叶面积使用便携式激光叶面积仪（CI－203，USA）测定，生物量使用万分之一高精度天平电子秤称量，植物全磷采用 H_2NO_3－H_2O_2微波消煮—钼锑抗比色法测定，植株磷累积量＝磷浓度×生物量。花青素含量采用盐酸—甲醇浸提法分光光度计测定，水培营养液的 pH 分别在移栽后第 7、11、15、19、23、27 天（每次更换营养液的前一天）测定。

土壤 pH 采用土∶水＝1∶2.5 测定，土壤全磷（TP）和速效磷（AP）的测定方法具体参见鲍士旦主编的《土壤农化分析》。土壤微生物生物量磷（MBP）的测定具体参见吴金水等主编的《土壤微生物生物量测定方法及其应用》。土壤酸性磷酸酶活性采用对硝基苯磷酸二钠法测定，同根系磷酸酶测定方法。磷待测液吸光度均使用酶标仪测定（Arioskan LUX，Thermo

Scientific)。

5.2.3.4 土壤磷分级测定

土壤磷分级采用 Tiessen 和 Moir 土壤磷素分级法测定，即采用连续加入不同浸提剂的方法提取不同形态的土壤磷素。本书将树脂提取用去离子水提取代替。取 0.5 g 过 100 目土样置于 50 mL 离心管中，加去离子水 30 mL，180 r/min室温振荡 16 h，然后 6000 r/min 离心 10 min，收集上清液测定无机磷和全磷，总磷与无机磷之差即为有机磷浓度。在离心后的残渣中再加入 0.5 M $NaHCO_3$溶液（pH=8.5）、0.1 M NaOH、1 M HCl、浓盐酸 30 mL 连续提取，同前。需要注意的是，$NaHCO_3$酸化后会产生 CO_2气体，静置 2～3 h 以防气泡使吸光度值偏高。

5.2.3.5 根系酸性磷酸酶的测定

收获后，用自来水和蒸馏水对新鲜根系进行充分冲洗，立即称取 0.3 g 新鲜根组织，用 8 mL 的 15 mM 2－(N－吗啉）乙磺酸水合物（MES）缓冲液（pH=5.5，0.5 mM $CaCl_2 \cdot H_2O$，1 mM EDTA）冰浴研磨，将提取液在 4℃，10000 rpm 下离心 20 min，得到上清液，用于测定酶活性。以对硝基苯磷酸二钠盐（pNPP）为底物，取 0.2 mL 酶提液，总体积为 4 mL（其中包含 15 mM MES 缓冲液和 10 mM pNPP)，在 37℃下提取 30 min。加入等量的 0.25 M NaOH 立即终止反应。通过对硝基苯酚（pNP）的释放来测定酸性磷酸酶活性，表示为 pNP $\mu g \cdot g^{-1} \cdot min^{-1}$，使用紫外分光光度计在 412 nm 处测定。

5.2.3.6 根系活力和根系形态的测定

根系活力采用 TTC－氯化三苯基四氮唑法测定。注意在 37℃暗处保温，硫酸终止反应。空白对照需先加硫酸再加根样品。

植株在移栽后第 28 天进行根系形态的测定。根系形态测定：剪取无损伤整株的根系，用去离子水冲洗 1～2 遍，擦干水分，用镊子蘸取适量纯水将根分开且完全摊开在有机玻璃板上，一株可分多盘，用根系扫描仪（Epson LA2400，Japan）扫描生成图片，根系专用分析软件（WinRHIZO 2009，Canada）进行根长等指标的定量分析。

5.2.3.7 根系分泌物的测定

用 1 mL 超纯水或甲醇超声溶解浓缩至干的粉末，再用针头过滤器（0.22 μm微孔滤膜）过滤到进样瓶中，待测。

采用岛津 LC－16 高效液相色谱仪测定根系分泌物中有机酸和酚酸的种类及含量。有机酸色谱条件：色谱柱为 Inertsil ODS－SP 柱（4.6 mm×250 mm，5 μm，日本），流动相为 18 mM KH_2PO_4（pH＝2.45）：甲醇＝97：3（*V*：*V*），等度分离。pH 用正磷酸调节。紫外检测波长为 214 nm，检测条件为柱温 28℃，流速 0.8 $mL \cdot min^{-1}$，进样量 10 μL，单个样品分析时间为 13 min。在选定的色谱条件下，测定的有机酸有 10 种。标准样品的配置：有机酸单一标样分别用超纯水溶解并定容稀释成浓度为 10 mg/L 的母液，按比例吸取各母液到 10 mL 容量瓶中，定容混合均匀后得到有机酸混合标准品，再依次稀释配制 6 个浓度梯度的混合标准品溶液，待测。用外标法进行定性和定量测定。在选定的色谱条件下，图 5.4 为 10 种有机酸标准品色谱图，有机酸标准品的回归方程见表 5.2。

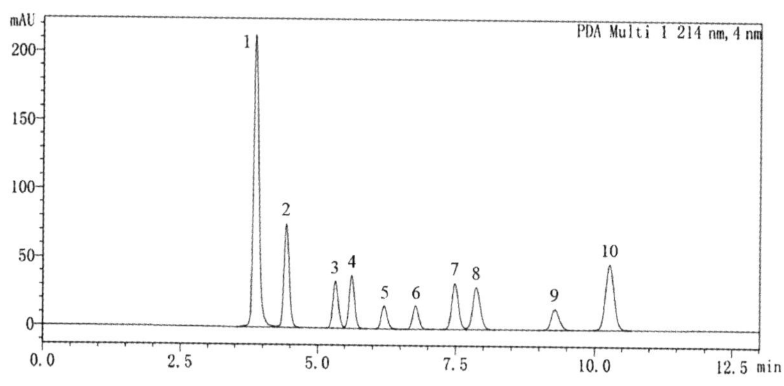

1—草酸；2—酒石酸；3—苹果酸；4—丙二酸；5—乳酸；6—乙酸；7—马来酸；8—柠檬酸；9—琥珀酸；10—富马酸。

图 5.4　10 种有机酸标准品色谱图

表 5.2　有机酸标准品的回归方程

有机酸	保留时间 *t*（min）	回归方程	相关系数 R^2	线性范围（$\mu g \cdot mL^{-1}$）
草酸	3.864	$y=5217.2x+46465.0$	$R^2=0.9996$	20～3000
酒石酸	4.426	$y=1275.60x+907.02$	$R^2=0.9998$	1～400
苹果酸	5.321	$y=601.16x-1304.10$	$R^2=0.9997$	4～400
丙二酸	5.618	$y=692.36x-1798.70$	$R^2=0.9996$	4～400
乳酸	6.207	$y=317.50x-228.47$	$R^2=0.9998$	2～400
乙酸	6.775	$y=335.40x-382.91$	$R^2=0.9999$	4～400
马来酸	7.483	$y=65843.0x-3929.4$	$R^2=0.9993$	0.1～40

续表

有机酸	保留时间 t (min)	回归方程	相关系数 R^2	线性范围 (μg · mL^{-1})
柠檬酸	7.868	$y=786.66x+1745.80$	$R^2=0.9997$	2～400
琥珀酸	9.287	$y=382.32x-778.23$	$R^2=0.9998$	4～400
富马酸	10.274	$y=77499.0x-7041.1$	$R^2=0.9992$	0.1～40

注：回归方程中，y 为峰面积，x 为浓度。

酚酸测定所用色谱条件：色谱柱 Inertsil ODS－SP 柱（4.6 mm×250 mm，5 μm，日本），流动相为 70％的 0.2％乙酸和 30％的甲醇，柱温 30℃，流速为 0.8 mL · min^{-1}，进样量为 10 μL，检测波长 286 nm，单个样品分析时间为 35 min。在选定色谱条件下，测定的酚酸有 7 种。标准品配置：分别准确称取各酚酸 20 mg，用甲醇溶解并定容到 25 mL，再依次稀释 1、5、10、50、100、200 倍配制成 6 个浓度梯度的混合标准品溶液，待测，同上。在选定的色谱条件下，图 5.5 为 7 种酚酸标准品色谱图，酚酸标准品的回归方程见表 5.3。

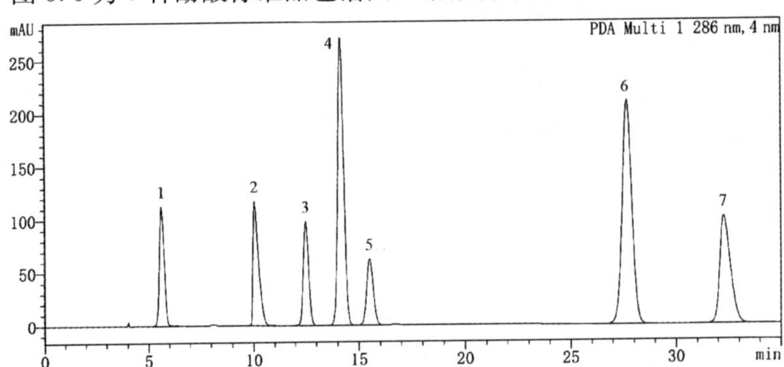

1—没食子酸；2—邻苯二甲酸；3—对羟基苯甲酸；4—香草酸；5—丁香酸；6—阿魏酸；7—苯甲酸。

图 5.5　7 种酚酸标准品色谱图

表 5.3　酚酸标准品的回归方程

酚酸	保留时间 t (min)	回归方程	相关系数 R^2	线性范围
没食子酸	5.591	$y=19280.0x+3840.6$	$R^2=0.9997$	0～40
邻苯二甲酸	10.031	$y=4335.0x+265.2$	$R^2=0.9996$	0～40
对羟基苯甲酸	12.485	$y=4261.6x+436.4$	$R^2=0.9997$	0～40
香草酸	14.157	$y=19076.0x+4152.8$	$R^2=0.9998$	0～40
丁香酸	15.511	$y=26862.0x+6273.6$	$R^2=0.9997$	0～40

续表

酚酸	保留时间 t (min)	回归方程	相关系数 R^2	线性范围
阿魏酸	27.675	$y=36381.0x+6722.4$	$R^2=0.9998$	0～40
苯甲酸	32.274	$y=1682.7x-726.8$	$R^2=0.9990$	0～40

注：回归方程中，y 为峰面积，x 为浓度。

叶片或根系组织中可溶性糖、蛋白和游离氨基酸的测定参照高俊凤主编的《植物生理学实验指导》。

5.2.4　数据处理

试验结果以平均值±标准差表示。利用 Excel 2013 进行数据处理和制作图表，利用 SPSS 22.0 软件对数据进行方差分析，采用 LSD 法（$P<0.05$）进行差异显著性检验，相关性采用 Pearson 相关分析。

5.3　结果与分析

5.3.1　不同种植模式和磷水平下植株表型特征参数和磷效率

间作模式下玉米的株高显著高于单作玉米，而不同种植模式下大豆的株高变化不显著［图 5.6（a）］；间作模式下玉米和大豆的单株叶面积都显著高于单作模式，分别是单作模式下的 1.35 倍和 1.52 倍［图 5.6（b）］，说明间作模式增加了植株叶面积，有利于玉米植株的生长。在不同磷水平下，玉米和大豆植株的株高和叶面积均表现为 HP 显著高于 LP，且玉米、大豆株高的平均值分别是低磷的 1.41 倍、1.18 倍，叶面积平均值分别是低磷的 2.01 倍、1.59 倍（图 5.6），说明施高磷能显著促进个体植株生长。

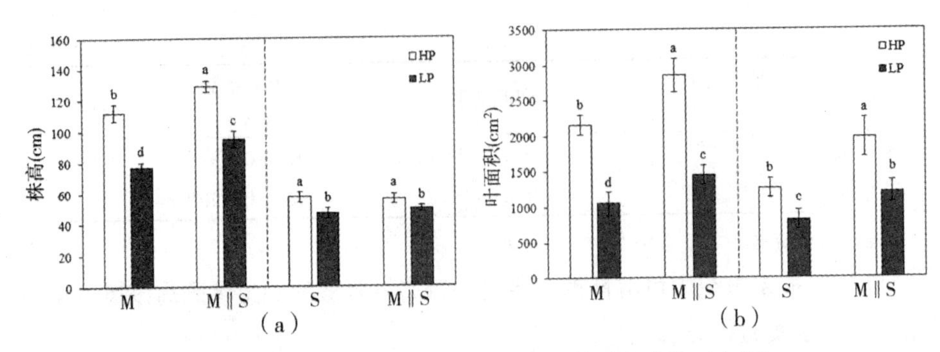

图 5.6 不同种植模式与施磷水平下植株形态参数（水培）

注：不同字母表示在不同种植模式与施磷水平下存在显著差异（$P<0.05$）。

不同种植模式和施磷水平下玉米和大豆干物质生物量见表 5.4。从表 5.4 可以看出，在 HP 下，间作模式下玉米植株的根、茎、叶干物质生物量比单作模式下分别显著高 37.6%、26.4%、30.1%，而在 LP 下没有显著差异；相比单作模式，间作模式下大豆干物质生物量有降低的趋势，但变化并不显著；不同磷水平下，玉米根茎叶和大豆茎叶的干物质生物量均表现为 HP 显著高于 LP，平均分别提高了 69.0%、85.8%、69.5%和 40.1%、53.4%，而大豆植株的根系干重差异不显著。根冠比是地下部干重与地上部干重的比值，其值大小能评估根系生长和养分供给状况，在这里玉米、大豆植株的根冠比在间作和低磷下都有增加的趋势。

表 5.4 不同种植模式和施磷水平下玉米和大豆干物质生物量（g·株$^{-1}$）(水培)

单株干重	处理	玉米		大豆	
		M	M‖S	S	M‖S
根干重	HP	2.26±0.28bA	3.11±0.36aA	0.85±0.18aA	0.80±0.20aA
	LP	1.63±0.27aB	1.81±0.35aB	0.71±0.19aA	0.70±0.18aA
茎干重	HP	3.71±0.50bA	4.69±0.47aA	2.18±0.35aA	1.93±0.40aA
	LP	2.20±0.58aB	2.31±0.41aB	1.64±0.15aB	1.31±0.18aB
叶干重	HP	4.75±0.41bA	6.18±0.75aA	2.74±0.24aA	2.39±0.45aA
	LP	2.98±0.67aB	3.44±0.82aB	1.73±0.17aB	1.61±0.25aB
根冠比	HP	0.27±0.02aA	0.29±0.04aA	0.17±0.02aA	0.19±0.03aA
	LP	0.31±0.03aA	0.31±0.02aA	0.21±0.02aA	0.24±0.02aA

注：不同小写字母表示相同施磷水平下各种植模式之间差异显著（$P<0.05$），不同大写字母表示相同种植模式下各施磷水平处理间差异显著（$P<0.05$）。

图 5.7 为不同种植模式与施磷水平下植株干物质生物量（土培）。由图 5.7 可知，相比单作模式，玉米植株干重在间作模式下有增加的趋势，但未达到显著水平；在两个种植模式下，玉米和大豆植株干重均表现为 HP 显著高于 LP，平均值分别提高了 197.2%和 43.5%。种植模式和磷水平对玉米和大豆植株干重的交互效应不显著（表 5.5）。结合水培和土培试验结果，间作模式有利于玉米植株干物质生物量积累，而大豆植株只受限于低磷条件。

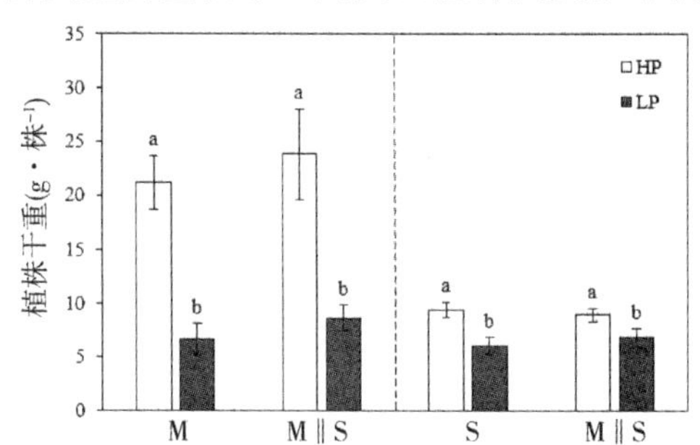

图 5.7　不同种植模式与施磷水平下植株干物质生物量（土培）

注：不同字母表示在不同种植模式与施磷水平下存在显著差异（$P<0.05$）。

表 5.5　磷水平和种植模式下各参数的双因素方差分析（土培）

各项参数	磷水平（P）	种植模式（C）	P×C
根际速效磷（$mg \cdot kg^{-1}$）	0.000***	0.000***	0.094 ns
微生物生物量磷（$mg \cdot kg^{-1}$）	0.000***	0.000***	0.000***
总磷含量（$g \cdot kg^{-1}$）	0.000***	0.001**	0.528 ns
土壤酸性磷酸酶（$\mu g \cdot g^{-1} \cdot h^{-1}$）	0.000***	0.000***	0.206 ns
有机酸总量（$\mu g \cdot g^{-1}$）	0.000***	0.000***	0.000***
酚酸总量（$\mu g \cdot g^{-1}$）	0.000***	0.000***	0.000***
根际土 pH	0.000***	0.000***	0.026*

注：*、**、*** 分别表示在 0.05、0.01、0.001 概率水平下的显著性，ns 表示不显著。

在 HP 下，间作模式下玉米植株磷含量较单作模式显著提高了 15.4%，而在 LP 下，间作模式与单作模式差异不显著；大豆植株的磷含量在 HP 下显著高于 LP，不受种植模式的影响，且土培下大豆植株的磷含量高于玉米［图 5.8(a)］。类似地，间作模式下玉米的植株磷累积量在 HP 下显著高于单作模式，而间作模式下大豆在 LP 下显著高于单作模式［图 5.8 (b)］。在单作模式或间作模式下，与 LP 相比，玉米和大豆的单株磷累积量在高磷下分别显著提高了 275.4%和 94.8% [图 5.8 (b)]。种植模式与磷水平对玉米和大豆植株磷累积量的主效应均有极显著影响(除了种植模式对大豆是显著影响),二者的交互效应也极显著(表 5.5)。

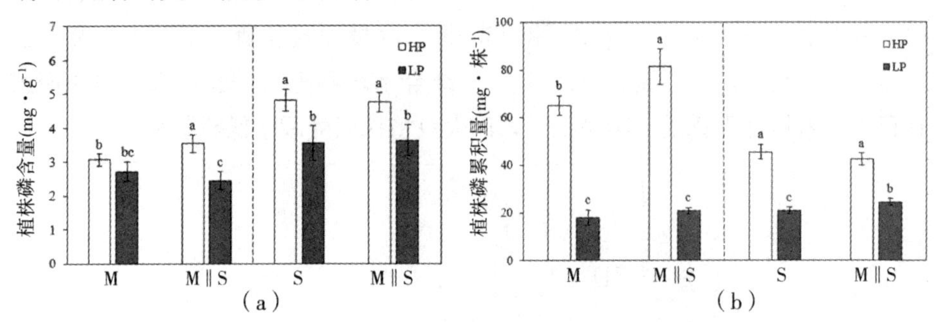

图 5.8 不同种植模式与施磷水平下植株磷含量和磷累积量(土培)

注:不同字母表示在不同种植模式与施磷水平下存在显著差异($P<0.05$)。

与单作模式相比,间作模式能显著增加玉米茎叶中的磷浓度,平均值提高了 14.8%;高磷使大豆单位重量茎叶中磷浓度增加了 89.3%,而间作模式的影响不显著 [图 5.9 (a)]。在 HP 下,间作模式能显著增加玉米和大豆植株根系中磷的浓度,其平均值分别比单作模式高 35.2%、24.9%,而在 LP 下效果不显著 [图 5.9 (b)]。总体上来看,间作模式能促进玉米整体和大豆根系对磷的吸收;在低磷胁迫下,大豆茎秆中磷浓度高于玉米,而在根系中无差异 [图 5.9 (a)、(b)]。不管是高磷还是低磷,间作模式促进了玉米茎叶或根对磷的吸收,分别提高了 47.0%、94.6%和 28.0%、38.7%的磷含量;而间作模式降低了大豆茎叶中磷积累量,对根系无影响 [图 5.9 (c)、(d)],说明在根系交互下,玉米植株竞争吸收磷的能力大于大豆。此处,在水培下间作模式对大豆地上部磷的吸收有所限制,而在土培下没有发现,这可能是因为营养液能直接提供给根系所需元素,而土壤颗粒对所添加的元素具有吸附或微生物作用等,两者产生的直接效应会有所不同。

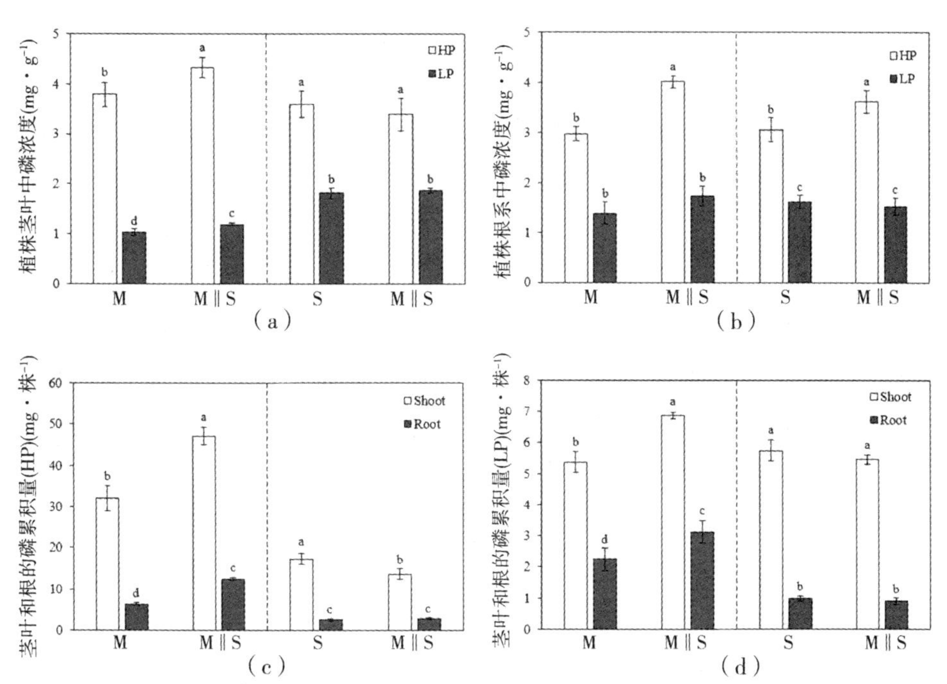

图5.9　不同种植模式与施磷水平下植株磷浓度和磷累积量（水培）

注：不同字母表示在不同种植模式与施磷水平下存在显著差异（$P<0.05$）。

图5.10为不同种植模式与施磷水平下植株根系形态变化（水培）。从图5.10可以看出，不同种植模式和施磷水平对玉米和大豆根系形态的影响总体上各有差异。与HP相比，玉米的总根长和根表面积在LP处理下分别增加了49.2%、34.8%和54.5%、11.3%，说明此时缺磷促进了玉米根系的生长；与M相比，M‖S在HP下没有显著降低玉米的总根长，但在LP下显著降低了16.9%；种植模式对玉米根表面积没有显著影响［图5.10（a）、(b)］。在LP下，大豆的总根长和根表面积在M‖S与S模式下没有显著差异，但在HP下，M‖S模式比S模式分别显著降低43.1%和34.1%，说明在高磷下间作模式抑制了大豆根系的生长［图5.10（a）、(b)］。间作模式没有显著改变玉米和大豆的根体积和平均根直径；低磷使单作模式下玉米根体积显著增加，而使单作模式下大豆根体积显著降低［图5.10（c）、(d)］。

比根长和比根表面积是单位根干重的根长和根表面积。与HP相比，玉米的比根长和比根表面积在LP下有降低的趋势，且在间作模式下分别显著降低了12.1%和29.7%；不同种植模式和磷水平对大豆比根长无显著影响，而大豆的比根表面积在间作模式下显著增加了21.3%［图5.10（e）、(f)］。总体来看，间作模式下玉米的根体积、平均根直径和比根表面积在 HP 下有升高的趋势，而在 LP 下均有降低的趋势；高磷下间作模式大豆的总根长、根表面积和根体积有降低的趋势，而在低磷下均有升高的趋势。可见，高磷下间作模式有利于玉米根系生长，而低磷下间作模式可促进大豆根系生长［图 5.10 (a)～(f)］。

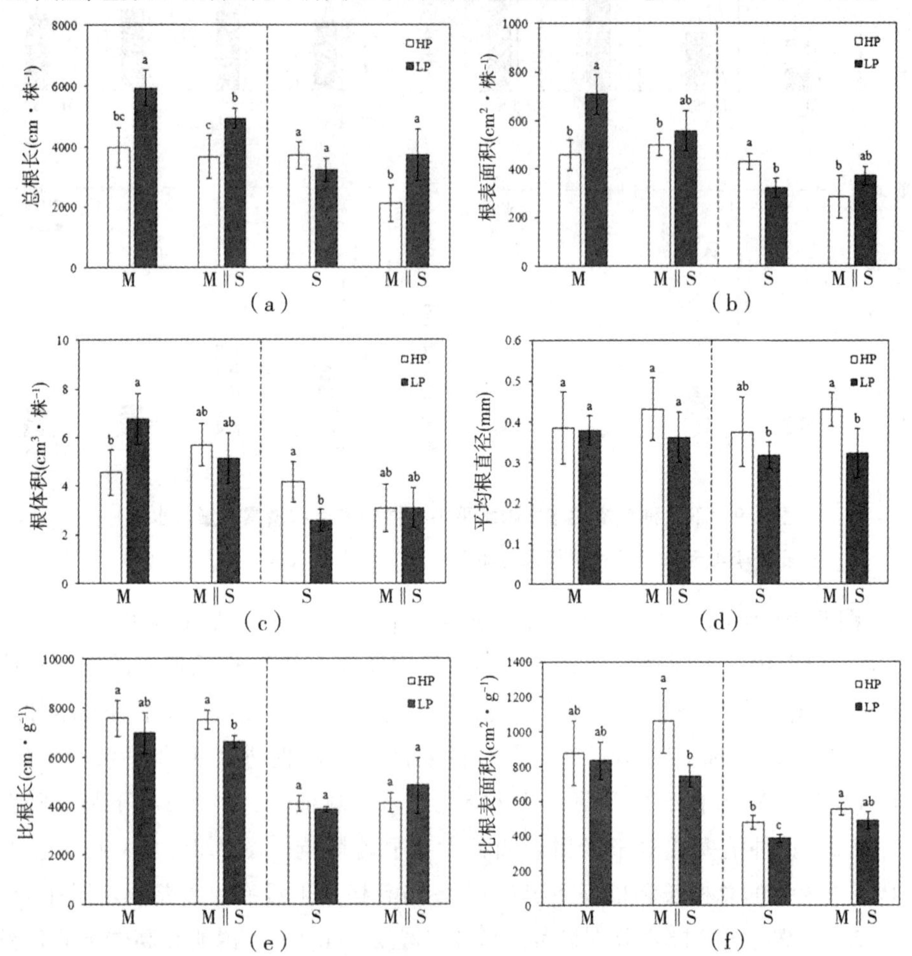

图 5.10　不同种植模式与施磷水平下植株根系形态变化（水培）

注：不同字母表示在不同种植模式与施磷水平下存在显著差异（$P<0.05$）。

5.3.2　不同种植模式和磷水平下土壤磷素变化

图 5.11 为不同种植模式与施磷水平下土壤全磷含量。如图 5.11 所示，无论是 HP 或 LP，3 个种植模式中均以 M‖S 模式下土壤全磷含量最低，其平均

值比单作模式显著降低了15.3%和13.8%。在3种模式下，LP较HP的土壤全磷含量平均低15.3%。合理搭配种植使植株吸收了更多的磷元素，从而降低了根际土壤全磷含量。图5.12为不同种植模式与施磷水平下土壤速效磷含量。由图5.12可知，不同磷水平下，土壤速效磷含量HP较LP平均显著高出186.3%；S和M‖S模式较M模式分别显著高出26.1%、37.4%和17.0%、20.8%，且S模式与M‖S模式差异不显著，说明大豆能提高土壤生物有效磷浓度，间作模式下玉米获利。种植模式与磷水平对根际土壤全磷或速效磷的主效应均有极显著影响，但二者交互效应均不显著（表5.5）。

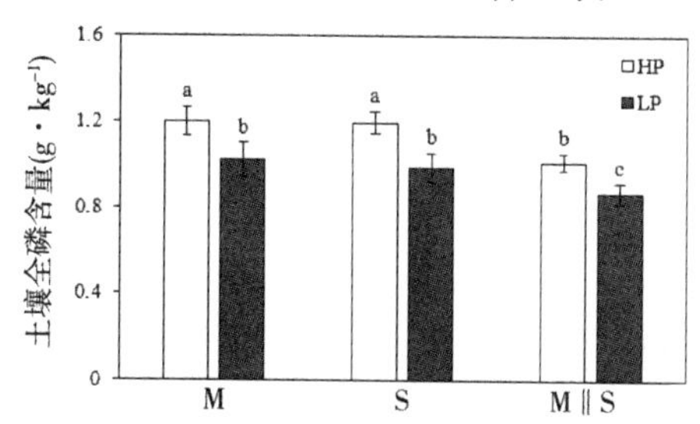

图5.11　不同种植模式与施磷水平下土壤全磷含量

注：不同字母表示在不同种植模式与施磷水平下存在显著差异（$P<0.05$）。

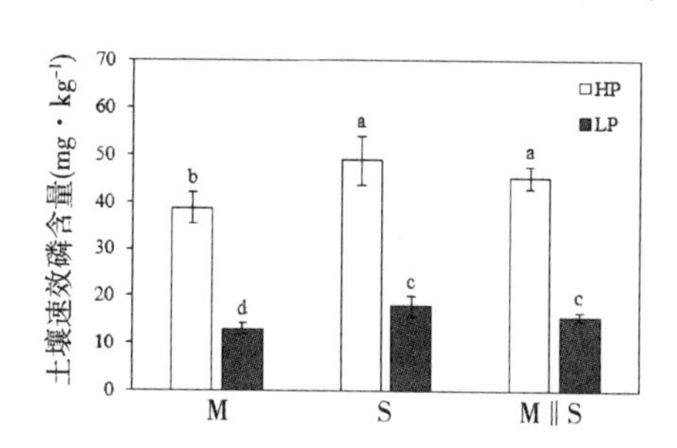

图5.12　不同种植模式与施磷水平下土壤速效磷含量

注：不同字母表示在不同种植模式与施磷水平下存在显著差异（$P<0.05$）。

MBP是土壤有效磷的重要来源之一，其含量低，但周转速度快，极易矿化为有效磷，在一定程度上能反映土壤的供磷水平。图5.13为不同种植模式与施磷水平下土壤微生物生物量磷含量。间作模式对提高土壤微生物生物量磷含量的影响随供磷水平提高而更加显著。不同种植模式下，无论HP或LP，S模式和M‖S模式较M模式分别显著增加了214.1%、92.6%和328.5%、96.2%，且高磷下M‖S显著高于S，说明玉米/大豆间作系统下土壤有较高的供磷能力，高磷也能显著提高土壤微生物生物量磷含量。不同种植模式和磷水平对土壤微生物生物量磷含量均有显著影响，且二者交互效应极显著（表 5.5）。

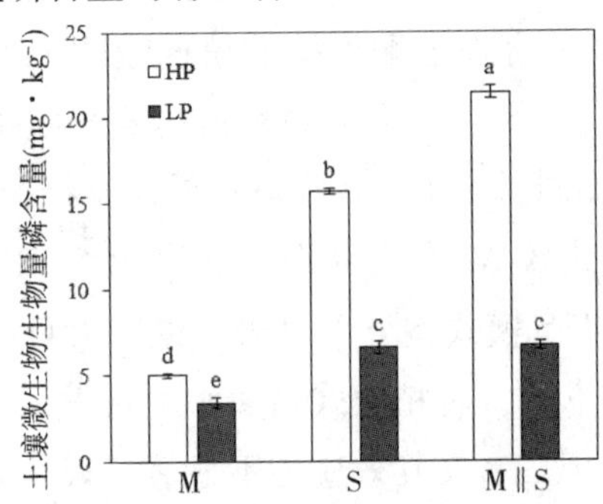

图 5.13　不同种植模式与施磷水平下土壤微生物生物量磷含量

注：不同字母表示在不同种植模式与施磷水平下存在显著差异（$P<0.05$）。

土壤中的磷主要为 1M HCl－Pi 组分，占总磷的 40%以上，其次是 conc. HCl－P 和 Residual－P 组分，占总磷的 10%左右，以 H_2O－Pi 和 $NaHCO_3$－Po 组分最低，占总磷的 1%～3%。依据之前的分类方法，此处将 H_2O－Pi、$NaHCO_3$－Pi 和 $NaHCO_3$－Po 认为是不稳定性 P，即活性 P；将 NaOH－Pi、NaOH－Po 和 1M HCl－Pi 认为是中等不稳定性 P，将 conc. HCl－Pi 和 conc. HCl－Po 认为是中等稳定性 P，将 Residual－P 认为是稳定性 P。以下描述是 2 个磷水平和 3 个种植模式处理下后第 90 天的土壤磷组分情况。

不同种植模式与施磷水平下土壤 H_2O－Pi 含量如图 5.14 所示，在不同种植模式下，高磷和低磷处理下的土壤 H_2O－Pi 含量均表现为 S>M>M‖S，单作模式下玉米和单作模式下大豆是间作模式下的 1.06 倍和 1.34 倍，说明间作系统更有利于根系对根际土壤水溶性磷的吸收；土壤 H_2O－Pi 含量在 3 个种植模式下均表现为 HP 显著高于 LP，可见高磷能明显提高土壤中水溶性磷含量。单作模式下大豆土壤 H_2O－Pi 含量显著高于单作模式下玉米，说明大豆根际相比玉米能保持更高的有效供给磷水平。

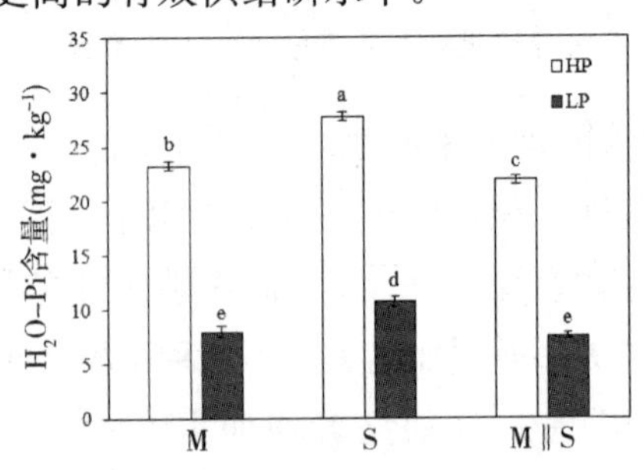

图 5.14　不同种植模式与施磷水平下土壤 H_2O－Pi 含量

注：不同字母表示在不同种植模式与施磷水平下存在显著差异（$P<0.05$）。

不同种植模式与施磷水平下土壤 $NaHCO_3$ －P 含量如图 5.15 所示，在相同供磷水平下，M‖S 和 M 模式下土壤 $NaHCO_3$ －Pi 含量均显著低于 S 模式，且 M 模式与 M‖S 模式之间无显著差异，S 模式平均值分别是 M 模式和 M‖S 模式的 1.17 倍和 1.18 倍［图 5.15（a）］；土壤 $NaHCO_3$ －Po 含量在高磷下表现为 M>S>M‖S，各模式差异显著，而在低磷下 M 模式与 M‖S 模式间差异不显著，但都显著高于 S 模式［图 5.15（b）］，说明间作模式相比大豆单作或玉米单作而言更有利于系统对土壤 $NaHCO_3$ －Pi 和 $NaHCO_3$ －Po 的消耗。单作模式下大豆土壤 $NaHCO_3$ －Pi 含量均显著高于单作模式下玉米，而土壤 $NaHCO_3$ －Po 含量均显著低于单作模式下玉米，说明大豆土壤中磷形态由 $NaHCO_3$ －Po 形态向 $NaHCO_3$ －Pi 形态转化，具有保持较高无机磷供给水平的能力。在相同的种植模式下，土壤中 $NaHCO_3$ －Pi 和 $NaHCO_3$ －Po 含量 HP 均显著高于 LP，其平均值分别是低磷的 1.93 倍和 1.55 倍。

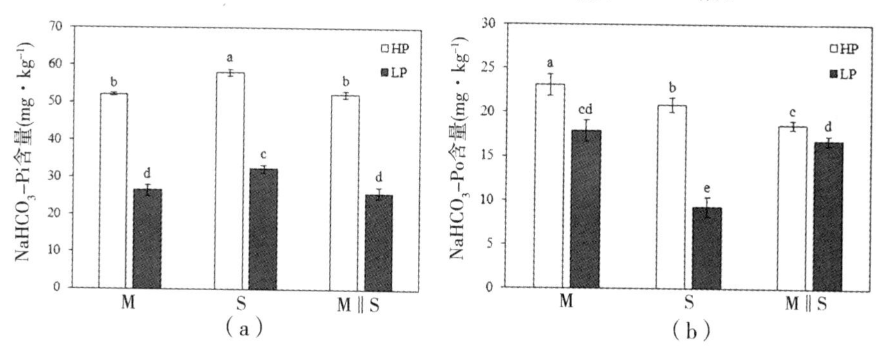

图 5.15 **不同种植模式与施磷水平下土壤** $NaHCO_3$ －P **含量**

注：不同字母表示在不同种植模式与施磷水平下存在显著差异（$P<0.05$）。

不同种植模式与施磷水平下土壤 NaOH－P 含量如图 5.16 所示，在 HP 和 LP 两种施磷水平下，M‖S 模式下土壤 NaOH－P 含量均低于 M 模式和 S 模式。M 和 S 模式下土壤 NaOH－Pi 含量分别是 M‖S 模式下的 1.30 倍和 1.32 倍，差异均达显著水平；M 和 S 模式下土壤 NaOH－Po 含量分别是 M‖S 模式下的 1.22 倍和 1.14 倍，说明间作系统下土壤中磷形态由中等不稳定的 NaOH－Pi 和 NaOH－Po 向不稳定的磷转化，有利于植株对 NaOH－P 的进一步吸收。在不同的施磷水平下，土壤 NaOH－Pi 和 NaOH－Po 含量在 HP 下均显著高于 LP，说明施高磷增加了土壤中 NaOH－P 的含量。相比玉米，大豆根际土壤的 NaOH－Po 在低磷下更容易向 NaOH－Pi 转化。

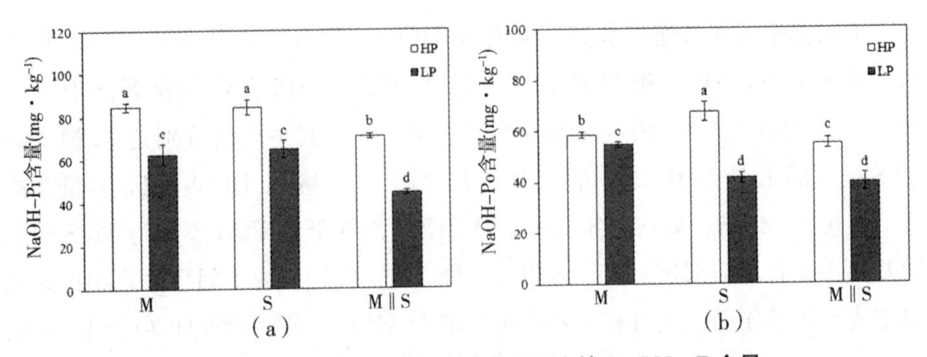

图 5.16　**不同种植模式与施磷水平下土壤** NaOH－P **含量**

注：不同字母表示在不同种植模式与施磷水平下存在显著差异（$P<0.05$）。

不同种植模式与施磷水平下土壤1M HCl－Pi含量如图5.17所示，在HP或LP下，M‖S模式下土壤1M HCl－Pi含量均低于M和S模式，M模式是M‖S的1.12倍，S模式是M‖S的1.10倍，且低磷下S显著低于M，说明间作模式下的大豆根系有利于系统对中等不稳定的1M HCl－Pi进行转化和吸收。HP下土壤1M HCl－Pi含量是LP的1.12倍，说明高磷能增加土壤中1M HCl－Pi含量。

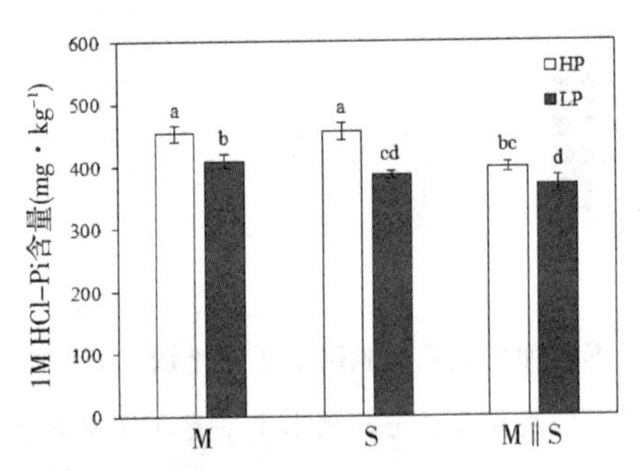

图 5.17　**不同种植模式与施磷水平下土壤** 1M HCl－Pi **含量**

注：不同字母表示在不同种植模式与施磷水平下存在显著差异（$P<0.05$）。

不同种植模式与施磷水平下土壤浓HCl－P含量如图5.18所示，3个种植模式下，高磷下土壤conc. HCl－Pi含量表现为S＞M‖S＞M，各处理差异显著；而低磷下S模式均显著低于M与M‖S，且M与M‖S模式间没有显著差异，说明低磷有利于大豆对根际土壤中等稳定性磷的活化。在不同种植模式下，土壤conc. HCl－Pi含量HP是LP的1.14倍。HP下土壤conc. HCl－Po含量以M模式最高，S与M‖S模式无显著差异，而LP下以S模式最高，M与M‖S模式无显著差异，可见低磷更有利于单作玉米和间作对中等稳定性有机磷的矿化。在M模式下，HP与LP差异不显著，而在S和M‖S模式下，LP均显著高于HP，说明施高磷没有增加根际土壤此形态磷的含量。

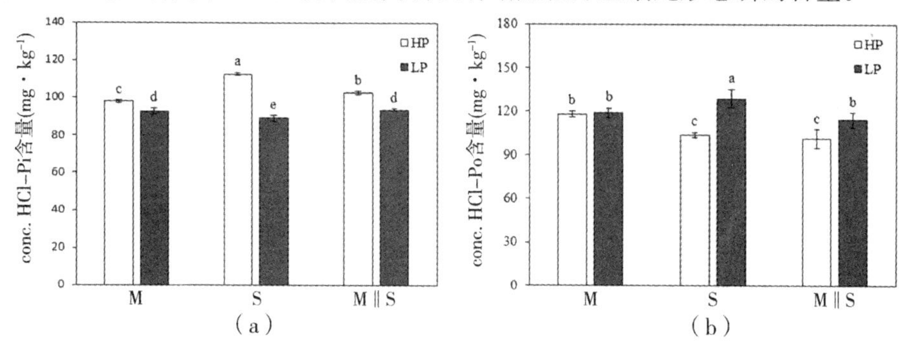

图5.18 不同种植模式与施磷水平下土壤浓HCl－P含量

注：不同字母表示在不同种植模式与施磷水平下存在显著差异（$P<0.05$）。

不同种植模式与施磷水平下土壤Residual－P含量如图5.19所示，在HP下，M和S模式下土壤Residual－P含量是M‖S模式的1.11倍和1.10倍，且M与S模式差异不显著；在LP下，土壤Residual－P含量M‖S和S模式显著低于M模式，且M‖S与S模式差异不显著；3个种植模式下，仅S模式下HP与LP差异显著，说明间作系统和低磷下的大豆对根际土壤稳定性P有一定的活化作用。

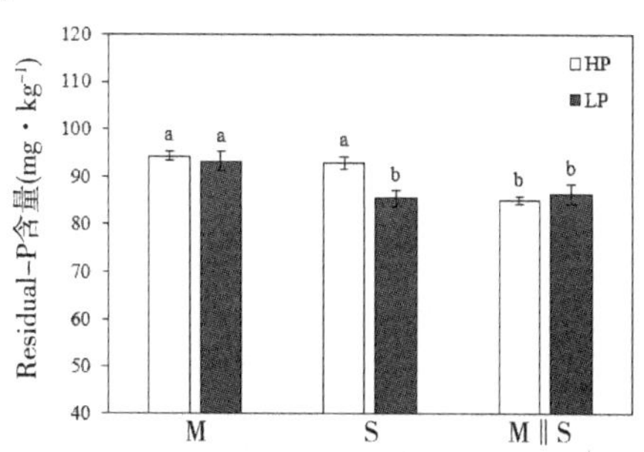

图5.19 不同种植模式与施磷水平下土壤Residual－P含量

注：不同字母表示在不同种植模式与施磷水平下存在显著差异（$P<0.05$）。

5.3.3 不同种植模式和磷水平下pH和酸性磷酸酶活性

不同种植模式与施磷水平下水培pH变化如图5.20所示，各模式水培营养液的pH均随着栽培时间变化而逐渐降低，平均降低了1.1个单位，说明随着时间的延长，植株根系分泌了酸性物质，增加了水溶液的酸度。由于水培需

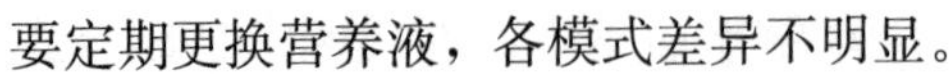

要定期更换营养液，各模式差异不明显。

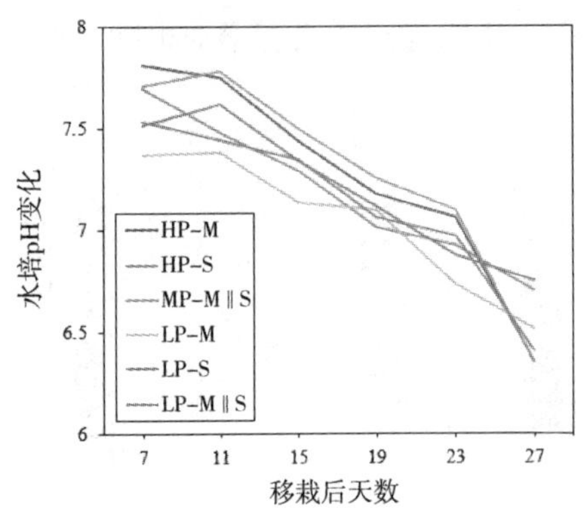

图 5.20 **不同种植模式与施磷水平下水培** pH **变化（水培）**

不同种植模式和施磷水平对土壤 pH 的影响主效应显著，二者交互效应也显著（表 5.5）。不同种植模式与施磷水平下土壤 pH 变化（土培）如图 5.21 所示，在两种磷水平下，M‖S 和 S 模式下土壤 pH 值比 M 模式显著降低了 0.12 和 0.11 个单位；在不同磷水平下，M‖S 和 S 模式下 LP 显著低于 HP，但 M 模式下 LP 与 HP 差异不显著，说明间作模式和单作模式下大豆能降低根际土壤 pH，低磷进一步降低了 pH。

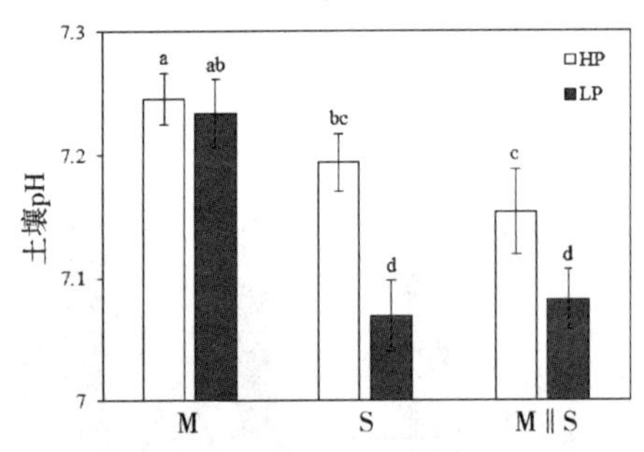

图 5.21 **不同种植模式与施磷水平下土壤** pH **变化（土培）**

注：不同字母表示在不同种植模式与施磷水平下存在显著差异（$P<0.05$）。

不同种植模式与施磷水平下根系酸性磷酸酶活性（水培）如图 5.22 所示，无论是高磷还是低磷，玉米和大豆根系酸性磷酸酶活性在单作模式与间作模式之间差异均不显著；在 2 个种植模式下，LP 下玉米根系酸性磷酸酶活性比 HP 显著低了 47.8%，而大豆在 LP 下比 HP 显著高了 270.6%，说明水培下间作模式对玉米和大豆根系酸性磷酸酶活性没有影响，低磷对玉米和大豆的影响结果相反。除此之外，高磷下玉米根系酸性磷酸酶活性大于大豆根系。

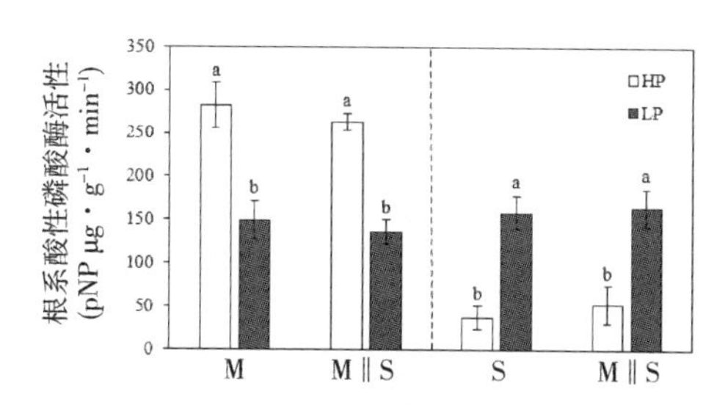

图 5.22　**不同种植模式与施磷水平下根系酸性磷酸酶活性（水培）**

注：不同字母表示在不同种植模式与施磷水平下存在显著差异（P<0.05）。

不同种植模式和施磷水平对土壤酸性磷酸酶活性影响的主效应显著，但二者交互效应不显著（表5.5）。不同种植模式与施磷水平下土壤酸性磷酸酶活性（土培）如图5.23所示，在两个磷水平下，土壤酸性磷酸酶活性表现为M‖S>S>M，差异显著，M‖S比S高出18.5%，S比M高出45.6%；除此之外，LP下土壤酸性磷酸酶活性均显著高于HP，其平均值高出33.7%。土培与水培结果不同，原因在于土培是根系与土壤及土壤微生物共同作用的结果，水培受根际微生物影响较小。

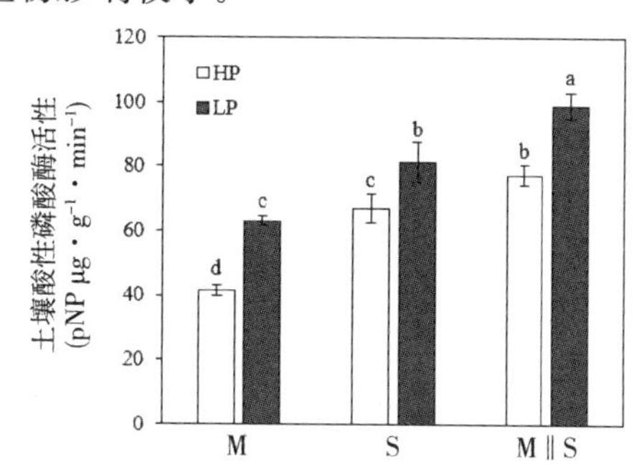

图 5.23　**不同种植模式与施磷水平下土壤酸性磷酸酶活性（土培）**

注：不同字母表示在不同种植模式与施磷水平下存在显著差异（P<0.05）。

5.3.4　不同种植模式和磷水平对植株根系分泌物及根系活力的影响

5.3.4.1　根系分泌有机酸种类和含量

不同种植模式与施磷水平下玉米根系分泌有机酸的含量（水培）如图5.24所示，间作模式下玉米单株根系分泌有机酸含量高于单作模式，HP下M‖S模式比M模式显著高出63.7%，而LP下差异不显著；LP比HP显著高出87.3%，说明间作模式和低磷都能促进玉米根系有机酸的分泌。

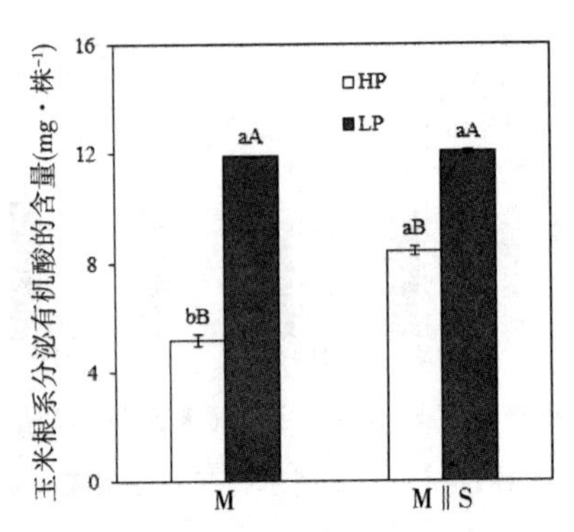

图 5.24　不同种植模式与施磷水平下玉米根系分泌有机酸的含量（水培）

注：不同字母表示在不同种植模式与施磷水平下存在显著差异（$P<0.05$）。

玉米根系分泌有机酸的种类和分泌速率（水培）见表 5.6，在玉米根系分泌物中检测到 9 种有机酸，其中，以草酸分泌速率最高，占总有机酸分泌速率的 89.4%；其次是苹果酸、酒石酸或乙酸，占 3.4%、2.4%或 1.9%，以马来酸最低，仅占 0.1%；在低磷下单作玉米根系分泌物中没有检测到乳酸。玉米根系总分泌速率表现为 M‖S 显著比 M 高出 41.2%，LP 显著比 HP 高出 76.6%。不同种植模式和磷水平显著影响了玉米根系分泌有机酸含量和分泌速率，二者交互效应对玉米根系分泌有机酸含量影响显著，但对有机酸分泌速率影响不显著。

表 5.6　玉米根系分泌有机酸的种类和分泌速率（$\mu g \cdot g^{-1} \cdot h^{-1}$）**（水培）**

有机酸	HP		LP	
	M	M‖S	M	M‖S
草酸	56.90±2.64bB	83.35±2.12aB	110.80±0.15bA	123.78±0.50aA
酒石酸	0.98±0.29bB	3.17±0.04aB	2.38±0.03bA	3.76±0.05aA
苹果酸	1.63±0.06bB	3.34±0.01aB	3.46±0.12bA	6.61±0.13aA
丙二酸	0.15±0.02bB	0.95±0.01aA	0.27±0.01bA	0.89±0.02aB
乳酸	0.22±0.06b	2.50±0.02aA	—	1.58±0.01B
乙酸	0.70±0.05aA	0.90±0.03aB	0.79±0.05bA	7.46±0.23aA
马来酸	0.024±0.006aA	0.029±0.00aB	0.024±0.003bA	0.437±0.021aA
柠檬酸	0.04±0.01aA	0.04±0.03aB	0.29±0.06bA	4.02±0.28aA
琥珀酸	0.21±0.00bB	0.32±0.03aB	0.29±0.01bA	1.67±0.02aA

续表

有机酸	HP		LP	
	M	M‖S	M	M‖S
总量	60.87±2.80bB	94.63±2.14aB	118.32±0.35bA	150.24±0.44aA

注：不同小写字母表示相同施磷水平下各种植模式之间差异显著（$P<0.05$），不同大写字母表示相同种植模式下各施磷水平处理间差异显著（$P<0.05$）。

在HP下，相比M模式，M‖S模式显著提高了玉米根系草酸、酒石酸、苹果酸、丙二酸、乳酸、琥珀酸的分泌速率，以乳酸和丙二酸的增加幅度最大；LP下，相比M模式，M‖S模式显著增加了玉米根系全部有机酸的分泌速率，以马来酸和柠檬酸的增加幅度最大，其次是乙酸。相比HP而言，LP不仅增加了间作模式下玉米根系各有机酸分泌速率（除丙二酸和乳酸），还能增加单作玉米根系草酸、酒石酸、苹果酸、丙二酸、琥珀酸的分泌速率。

不同种植模式与施磷水平下大豆根系分泌有机酸的含量（水培）如图5.25所示，间作模式下大豆单株根系分泌有机酸含量高于单作大豆，M‖S比S显著高出127.0%，LP比HP显著高出187.6%，可见，间作模式促进了大豆根系有机酸的分泌，低磷进一步增强了间作模式的促进作用。

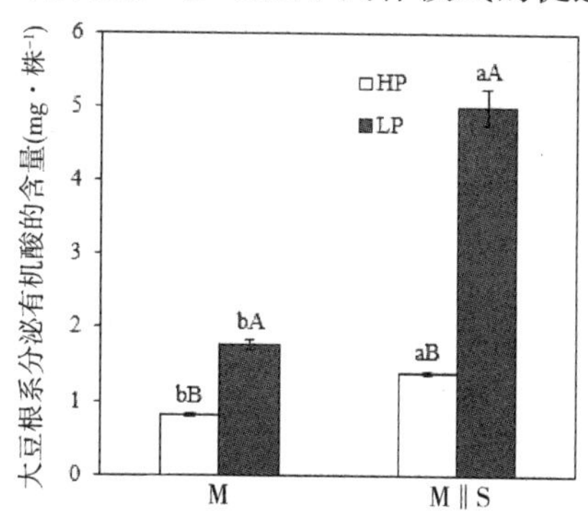

图5.25　不同种植模式与施磷水平下大豆根系分泌有机酸的含量（水培）

注：不同字母表示在不同种植模式与施磷水平下存在显著差异（$P<0.05$）。

大豆根系分泌有机酸的种类和分泌速率（水培）见表5.7，在大豆根系分泌物中以草酸的分泌速率最高，占总有机酸分泌速率的53.2%；其次是乙酸，占28.4%；以马来酸或柠檬酸最低，仅占0.7%。大豆根系总分泌速率表现为：HP下M‖S比S显著高出65.1%，LP下M‖S比S显著高出248.5%，低磷增强了间作模式的促进作用；LP下比HP显著高出123.3%，说明间作模式和低磷也显著增加了大豆根系有机酸的分泌速率。不同种植模式和磷水平显著影响了大豆根系分泌有机酸的含量和分泌速率，二者交互效应均极显著。

表 5.7 **大豆根系分泌有机酸的种类和分泌速率**（$\mu g \cdot g^{-1} \cdot h^{-1}$）（**水培**）

有机酸	HP		LP	
	S	M‖S	S	M‖S
草酸	9.24±0.21bB	15.63±0.21aA	11.91±0.15bA	12.96±0.06aB
酒石酸	0.84±0.09bB	1.23±0.06aB	1.11±0.09bA	1.56±0.09aA
苹果酸	1.20±0.03bA	1.95±0.03aB	0.93±0.03bB	2.70±0.03aA
丙二酸	0.39±0.00bA	0.72±0.02aB	0.21±0.01bB	2.46±0.07aA
乳酸	0.51±0.03b	1.08±0.06a	—	—
乙酸	1.53±0.08aB	1.95±0.15aB	4.74±0.36bA	48.96±2.30aA
马来酸	0.03±0.00aB	0.03±0.003a	0.321±0.012A	—
柠檬酸	0.06±0.03b	0.24±0.01a	—	—
琥珀酸	0.12±0.00aB	0.12±0.00aB	0.69±0.04bA	0.96±0.02aA
总量	13.92±0.18bB	22.98±0.34aB	19.98±0.50bA	69.63±2.26aA

注：不同小写字母表示相同施磷水平下各种植模式之间差异显著（$P<0.05$），不同大写字母表示相同种植模式下各施磷水平处理间差异显著（$P<0.05$）。

在 HP 下，相比 S 模式，M‖S 模式显著提高了大豆根系草酸、酒石酸、苹果酸、丙二酸、乳酸、柠檬酸的分泌速率，以乳酸和丙二酸的增加幅度最大；LP 下，相比 S 模式，M‖S 模式显著增加了大豆根系全部有机酸的分泌速率，以丙二酸和乙酸的增加幅度最大，其次是苹果酸。相比 HP 而言，LP 显著增加了 S 模式下大豆根系草酸、酒石酸、乙酸、马来酸、琥珀酸的分泌速率，显著降低了苹果酸和丙二酸的分泌速率；LP 显著增加了 M‖S 模式下大豆根系酒石酸、苹果酸、丙二酸、乙酸、琥珀酸的分泌速率，显著降低了大豆根系草酸的分泌速率。

土壤有机酸的种类和含量（水培）见表 5.8，3 个种植模式和 2 个磷水平下，在种植玉米和大豆的土壤中均检测到草酸、酒石酸、苹果酸、丙二酸、乳酸、柠檬酸、琥珀酸 7 种有机酸。各处理均以草酸的含量最高，平均值占了有机酸总量的 88.9%；其次是酒石酸或柠檬酸，占有机酸总量的 3.2% 或 2.9%；再次是乳酸或苹果酸，占有机酸总量的 1.7%或 1.4%；最后以丙二酸或琥珀酸含量最低，占有机酸总量的 0.74%或 0.71%。根际土壤有机酸总量受不同种植模式和磷水平影响，二者交互效应显著。无论是在 HP 或 LP

下，土壤有机酸总量均表现为M‖S>S>M，差异显著，M‖S模式分别比S和M模式高出10.4%和83.3%，且在LP下增幅大于HP；土壤有机酸总量LP比HP显著高出85.3%，但M模式下的HP与LP之间无显著差异。表明间作模式和低磷能促进植物根际有机酸的分泌。

表5.8 土壤有机酸的种类和含量（$\mu g \cdot g^{-1}$）（土培）

有机酸	HP			LP		
	M	S	M‖S	M	S	M‖S
草酸	86.1±4.24bA	91.52±2.41bB	106.64±1.2aB	82.33±2.32cA	185.63±0.79bA	202.24±1.74aA
酒石酸	2.68±0.40cA	5.29±0.29aA	4.38±0.11bB	2.62±0.03cA	4.91±0.10bB	5.48±0.04aA
苹果酸	1.27±0.25bB	0.95±0.07cB	1.72±0.04aB	1.85±0.09cA	2.46±0.11bA	2.93±0.10aA
丙二酸	0.67±0.08bA	1.36±0.52aA	0.7±0.06bA	1.06±0.08aA	0.79±0.08aB	0.83±0.08aA
乳酸	0.93±0.02cB	3.97±0.18aA	2.36±0.11bA	1.42±0.29bA	3.31±0.03aB	1.51±0.02bB
乙酸	2.73±0.24	—	—	—	—	—
柠檬酸	1.32±0.16cB	4.26±0.14bB	4.59±0.02aB	2.22±0.00cA	5.79±0.02bA	6.95±0.03aA
琥珀酸	0.44±0.01cB	0.72±0.01bB	1.43±0.02aA	0.64±0.01cA	1.65±0.00aA	0.99±0.01bB
总量	96.15±4.82cA	108.08±2.55bB	121.90±1.23aB	92.16±2.21cA	204.65±0.68bA	221.01±1.7aA

注：不同小写字母表示相同施磷水平下各种植模式之间差异显著（$P<0.05$），不同大写字母表示相同种植模式下各施磷水平处理间差异显著（$P<0.05$）。

不同处理下各有机酸的含量不同。在HP下，与M或S模式相比，M‖S模式显著增加了土壤中草酸、苹果酸、柠檬酸、琥珀酸含量，与S模式相比，显著降低了酒石酸、丙二酸和乳酸含量；在LP下，与M或S模式相比，M‖S模式显著增加了土壤中草酸、酒石酸、苹果酸、柠檬酸含量，与S模式相比，显著降低了乳酸和琥珀酸含量；然而，在低磷下种植模式没有显著改变丙二酸含量。相比HP而言，LP显著增加了M模式下土壤中苹果酸、乳酸、柠檬酸、琥珀酸含量；LP显著增加了S模式下土壤中草酸、苹果酸、柠檬酸、琥珀酸含量，但降低了酒石酸、丙二酸和乳酸含量；LP显著增加了M‖S模式下土壤中草酸、酒石酸、苹果酸、柠檬酸含量，但降低了乳酸和琥珀酸含量。

5.3.4.2 土壤中酚酸的种类和含量

在农业生态系统中，酚酸类化合物为土壤微生物提供了碳源能量，影响根际微生物的数量和结构；同时，也是一种毒性化感物质，当土壤酚酸含量积累到一定浓度时，则会抑制邻近植株生长或引起连作障碍。不同种植模式与施磷水平下土壤酚酸含量（土培）如图 5.26 所示，在 HP 水平下，土壤酚酸总量表现为 M＞S＞M‖S，M‖S 模式比 M 和 S 模式分别显著降低了 36.2%和 34.2%；在 LP 水平下，土壤中酚酸总量表现为 S＞M‖S＞M，M‖S 模式比 S 模式显著降低了 24.7%，M 模式比 S 模式显著降低了 29.3%，说明间作系统相比大豆单作降低了土壤酚酸含量；在 3 个种植模式下，土壤酚酸总量 HP 比 LP 显著降低了 38.8%。土壤中酚酸化合物的种类和含量（土培）见表 5.9，在土壤中检测到了 3 种酚酸化合物，分别是邻苯二甲酸、丁香酸和阿魏酸，其中邻苯二甲酸含量最高，其次是丁香酸。不同种植模式和磷水平显著影响了土壤酚酸含量，且二者交互效应极显著（表 5.5）。

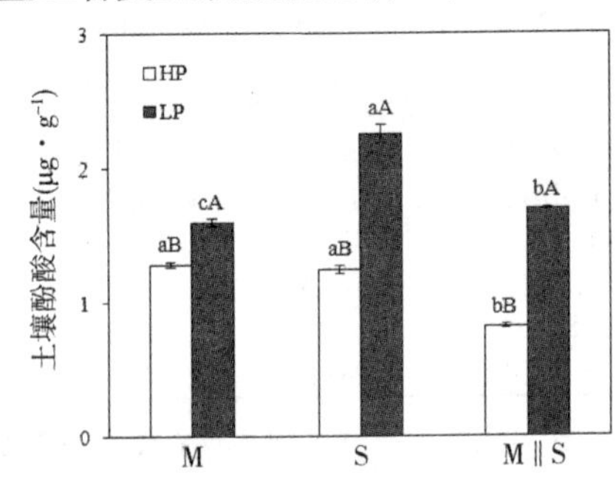

图 5.26 不同种植模式与施磷水平下土壤酚酸含量（土培）

注：不同字母表示在不同种植模式与施磷水平下存在显著差异（$P<0.05$）。

表 5.9 土壤中酚酸化合物的种类和含量（μg·g^{-1}）（土培）

种植模式	邻苯二甲酸		丁香酸		阿魏酸	
	HP	LP	HP	LP	HP	LP
M	0.63±0.02bB	0.79±0.02cA	0.36±0.01aB	0.49±0.01aA	0.30±0.01aA	0.31±0.01aA
S	0.91±0.02aB	1.74±0.06aA	0.34±0.02aB	0.51±0.01aA	—	—
M‖S	0.37±0.01cB	1.2±0.02bA	0.23±0.00bB	0.28±0.01bA	0.22±0.00bA	0.23±0.01bA

注：不同小写字母表示相同施磷水平下各种植模式之间差异显著（$P<0.05$），不同大写字母表示相同种植模式下各施磷水平处理间差异显著（$P<0.05$）。

在HP下，邻苯二甲酸的含量以M‖S模式最低，比M和S模式分别显著降低了41.3%和59.3%；在LP下，邻苯二甲酸的含量表现为S>M‖S>M，M‖S模式比S模式显著降低了31.0%；在3个种植模式下，HP比LP平均值显著降低了45.7%。丁香酸的含量表现为M‖S模式显著低于M和S模式，分别降低了39.5%、38.7%；HP比LP平均值显著降低了25.9%。阿魏酸的含量表现为M‖S模式比M模式显著降低了26.2%，阿魏酸的含量HP与LP差异不显著。

5.3.4.3　根系中可溶性糖、可溶蛋白和游离氨基酸含量

玉米和大豆叶片中可溶性糖含量不受种植模式的影响，但受不同磷水平的影响，玉米LP比HP平均值显著提高了33.4%，大豆LP比HP平均值显著提高了61.1%［图5.27（a)］。种植模式和磷水平对玉米和大豆根系可溶性糖含量主效应影响显著，且二者交互效应也显著。在LP下，种植模式不影响根系可溶性糖含量；在HP下，玉米根系中可溶性糖含量间作模式比单作模式显著降低了18.4%，而大豆间作模式比单作模式显著增加了14.2%，说明间作系统增加了大豆根系抗性［图5.27（b)］。磷水平对玉米和大豆植株根系中可溶蛋白含量影响显著，种植模式影响大豆根系中可溶蛋白含量，但二者交互效应均不显著。大豆根系中可溶蛋白含量表现为M‖S高于S，平均值显著提高了26.0%［图5.27（c)］。种植模式和磷水平对玉米和大豆根系中游离氨基酸含量主效应影响显著，二者对大豆交互效应显著，但对玉米交互效应不显著。在HP下，玉米和大豆根系中游离氨基酸含量M‖S模式与M模式无显著差异，而在LP下，玉米和大豆M‖S模式相比M模式分别显著降低了16.1%、12.7%；玉米HP比LP显著高出37.3%，而大豆HP比LP显著降低了79.5%，说明低磷更有利于大豆根系［图5.27（d)］。总的来看，低磷增加了玉米和大豆叶片和根系中可溶性糖含量、大豆根系中可溶性蛋白含量和游离氨基酸含量，降低了玉米根系中可溶蛋白含量和游离氨基酸含量；间作系统增加了大豆根系中可溶性糖和可溶蛋白含量，降低了玉米根系中游离氨基酸含量［图5.27（a)～(d)］。

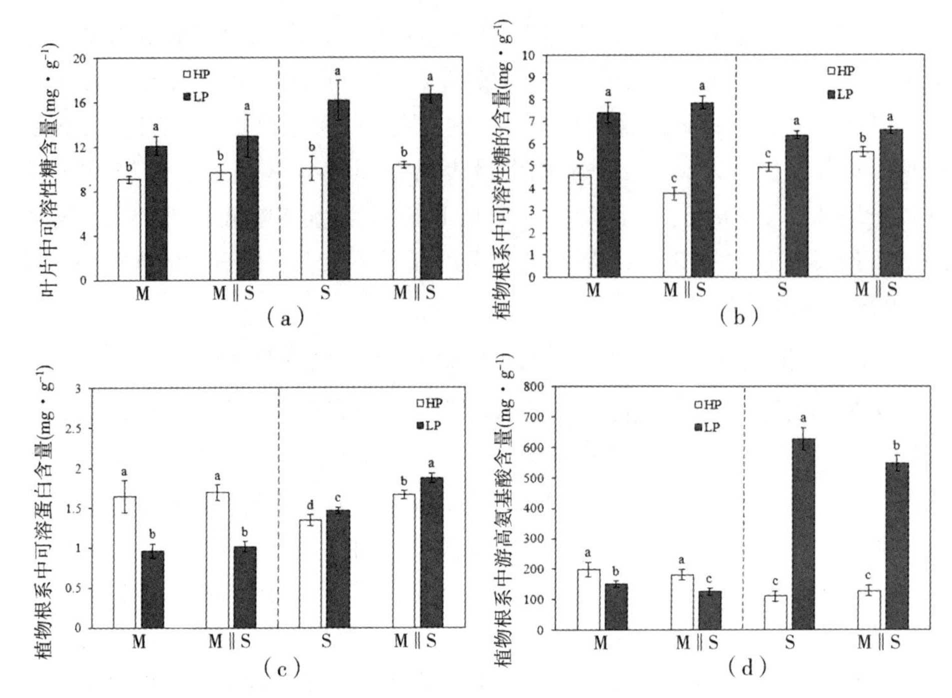

图 5.27　不同种植模式与施磷水平下组织中可溶性糖、蛋白和游离氨基酸含量（水培）

注：不同字母表示在不同种植模式与施磷水平下存在显著差异（$P<0.05$）。

5.3.4.4　根系活力

不同种植模式与施磷水平下植株根系活力（水培）如图 5.28 所示，间作相比单作不会显著影响玉米和大豆植株在水培下的根系活力。磷胁迫（低磷）会显著降低玉米和大豆的根系活力，相比 HP 而言，玉米在 LP 下根系活力平均值降低了 47.2%，大豆在 LP 下根系活力平均值降低了 42.1%。由此可见，缺磷会降低玉米和大豆根系对营养物质的吸收能力。

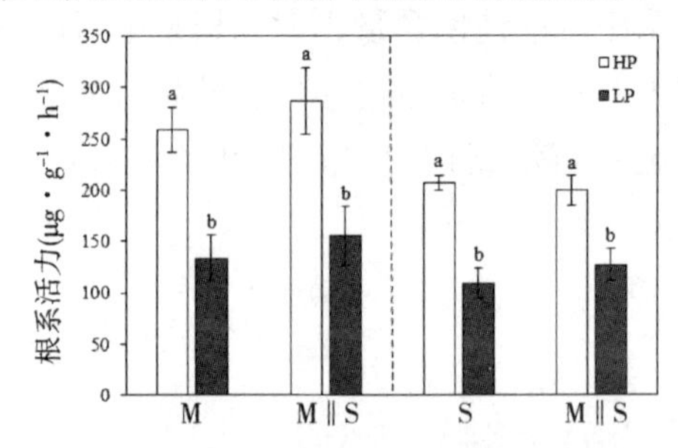

图 5.28　不同种植模式与施磷水平下植株根系活力（水培）

注：不同字母表示在不同种植模式与施磷水平下存在显著差异（$P<0.05$）。

5.3.5　有机酸对土壤磷素的影响

5.3.5.1　不同浓度有机酸对土壤磷素的活化量

不同浓度有机酸下土壤总无机磷活化量如图 5.29 所示，总体上，随着有机酸浓度的升高，土壤总无机磷活化量也逐渐增加，其中草酸在浓度 8 mmol・L^{-1}后增加幅度最大，而其余有机酸增加幅度相对平缓。在有机酸浓度为 10 mmol/L 时，总无机磷活化量大小为草酸＞柠檬酸＞苹果酸＞酒石酸＞乙酸，总无机磷活化量增量范围在 2～40 mg・kg^{-1}。由此可见，不同浓度下单一有机酸能不同程度地活化土壤磷素，且不同浓度有机酸活化程度不同。

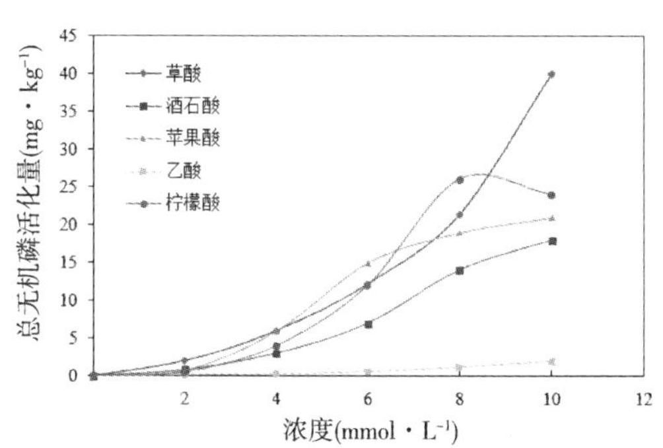

图 5.29　不同浓度有机酸下土壤总无机磷活化量

5.3.5.2　有机酸对不同土壤磷素的活化

图 5.30 为有机酸对不同土壤磷素的活化，相比对照氯化钙，所有单一有机酸处理均能显著增加土壤钼酸盐反应性磷，此处丙二酸处理效果最佳，最大磷浓度为 94.04 mg・kg^{-1}，其次是苹果酸或草酸，磷浓度为 71 mg・kg^{-1}、41.6 mg・kg^{-1}，以乙酸处理效果最差，最小磷浓度为 3.09 mg・kg^{-1}。有机酸处理 HP 下土壤的磷浓度均大于 LP 下土壤的磷浓度，除了在草酸中差异不显著，其余均达显著水平，可见土壤本身磷含量会较大程度地影响有机酸活化效果。不同有机酸处理的活化效果不同，在 HP 土壤中，丙二酸的磷活化量最大，在 LP 土壤中，草酸的磷活化量仅次于丙二酸。整体上，相比 HP，LP 下草酸和柠檬酸处理效果得到明显提升。

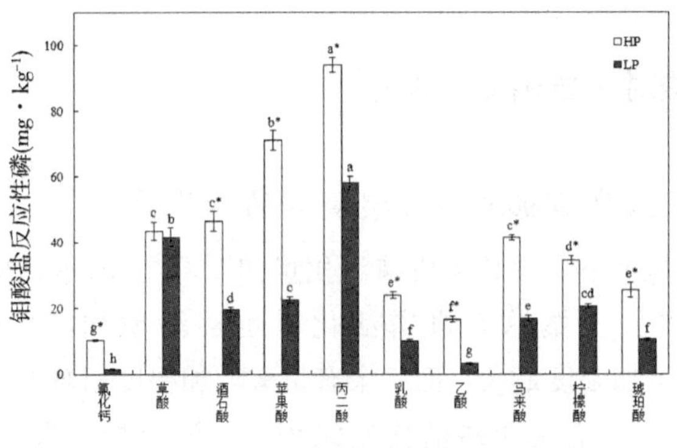

图 5.30　有机酸对不同土壤磷素的活化

注：不同小写字母表示相同磷水平下各有机酸处理之间差异显著（$P<0.05$），* 表示单一有机酸或对照下各施磷水平之间差异显著（$P<0.05$）。

5.4　讨论

5.4.1　种植模式及磷水平对植株表型和磷吸收利用的影响

间作模式的优势是补偿和选择效应共同作用的结果，合理的作物搭配不仅具有高产稳产的优势，还具有氮磷钾的获得优势（特别是豆科与禾本科作物的间作模式）。刘鑫等比较了西南地区 4 种套种模式，其中麦/玉/豆的收益和产投比在所有模式中最高，被认为是相对理想的种植模式。基于此，本试验选择了玉米和大豆作为研究对象。本书研究中，与单作模式相比，间作模式显著增加了玉米的株高和叶面积，且间作模式下玉米生物量表现为最好，这与吕越等研究结果一致。在土培下，间作模式没有影响大豆的株高，但增加了大豆的叶面积，有学者认为是玉米对大豆的荫蔽导致了大豆形态变化以获取更多光照。总体来看，相比大豆，间作模式更有利于玉米植株生长。

本试验中，HP 较 LP 均能显著提高植株干重和吸磷量。在土培下，与单作模式相比，间作模式虽没有显著提高玉米和大豆的植株干重，但增加了植株磷累积量，其原因可能是土壤中全磷含量较高，作物根系可转化和利用土壤磷素来缓解种间竞争。由此可见，施磷和种间相互作用共同促进了间作模式的产量优势。Li 等研究小麦/蚕豆间作试验中，也得出了间作模式下小麦的磷吸收增量高于单作模式。有研究认为，植物多样性降低了个体间竞争，间作模式可提高作物产量和磷的利用效率，特别是在低磷土壤上。本书研究中，在水培下，间作模式使玉米植株干重和植株磷累积量平均增加了31.4%和52.1%，但间作模式下的大豆植株干重和磷累积量略有降低，说明间作模式更有利于玉米吸取磷以提高自身发育。

由于磷离子与土壤阳离子有较高的亲和力，而植物根系只能直接吸收与其周围接触的1～4 mm土壤中的可溶性磷，磷肥的当季利用率一般很低。在养分胁迫下，作物根系做出可塑性变化来缓解种间或种内竞争（如增加根长、表面积、根毛数量或生成簇根），利于占据更大的土壤体积以提高磷的获取等。Bargaz等以小麦、大豆单作模式和间作模式为研究对象，证明了深层和浅层根系分布对种植模式和磷肥处理的响应存在明显差异。与之对比，本书研究中，间作模式增加了高磷下玉米的根表面积、根体积、平均根直径和比根表面积，以及低磷下大豆的总根长、根表面积、根体积、比根长及比根表面积。由此可见，间作模式能不同程度地影响玉米和大豆根系形态变化。与HP相比，LP增加了玉米的总根长和根表面积。低磷胁迫下，相比玉米而言，间作模式使大豆根系表现出更好的适应性能力。

5.4.2 种植模式及磷水平对土壤磷素组分的影响

磷素在土壤中扩散性极低而易固定，且其生物有效性受诸多因素影响，包括土壤理化性质（如pH、水分、酸性磷酸酶、微生物及植物根系分泌的有机酸等）也受环境、气候、地理因子和施肥方式的影响。近年来，随着磷肥的大量投入，农作物获得高收高产，同时也导致农田土壤积累了大量残留磷素，成了潜在的可开发磷库，合理的施肥和间套作搭配模式可高效挖掘和利用土壤潜在磷矿资源。

研究表明，与长期不施磷肥相比，长期施磷肥使土壤各形态磷素得到补充。在本书研究中，与低磷相比，施用高磷使土壤全磷和速效磷含量分别显著提高了18.1%和186.3%。在实际中，低磷下玉米植株出现了茎秆和叶片明显变紫的缺磷现象，种植后低磷土壤有效磷含量在15 mg·kg^{-1}左右。在种植后高磷土壤有效磷含量在45 mg·kg^{-1}左右，依然保持在较高水平，但降低幅度大于低磷下，说明施入的多余磷肥会被土壤颗粒所固定。Betencourt等用盆栽试验证明，小麦与鹰嘴豆间作提高了土壤根际磷的有效性，其中，豆科作物鹰嘴豆促进了禾本科作物小麦对磷素的吸收和生长。类似地，本实验中，间作模式比单作模式土壤全磷含量平均降低了14.6%，说明间作模式更有利于植株对土壤磷的吸收利用。速效磷是土壤中较容易被植物吸收利用的磷，相比M，M‖S和S下土壤速效磷含量分别显著提高了29.1%和21.6%，说明间作模式提高了土壤中磷有效性；但M‖S与S无显著差异，原因可能是大豆根际能保持较高的有效磷水平，从而有利于邻近禾本科作物玉米对磷的吸收利用。但这并不能认为大豆具有活化磷能力，因为大豆植株株型相比玉米小，本身需磷量会相对较少，且大豆根系能根瘤固氮，减少了对磷肥的依赖。Tang等证明了小麦/鹰嘴豆间作对土壤磷循环的重要性。本书研究中，M‖S和S同样也显著提高了微生物生物量磷含量。土壤微生物生物量磷也是植物有效磷的重要来源，对调控土壤磷的生物有效性具有重要意义，在一定程度上能指示土壤养分肥力。相比低磷，在高磷下土壤微生物生物量磷会得到明显增加，也有研究表明，添加磷肥后改变了土壤的微生物量和群落组成。

前人用大田或盆栽试验研究已经证明，施磷和套作模式提高了根际土壤有效磷含量，主要是提高了玉米对土壤H_2O－Pi、$NaHCO_3$－P和NaOH－Pi的吸收利用，同时大豆还具有活化闭蓄态磷的潜力。本书研究将种植模式改为间作模式，进一步补充了结论。施高磷显著提高了作物土壤H_2O－Pi、$NaHCO_3$－Pi和$NaHCO_3$－Po、NaOH－Pi和NaOH－Po、1M HCl－Pi、conc. HCl－Pi含量。Residual－P和$NaHCO_3$－P是土壤磷的活性组分，被认为是最适合植物生长的物质，施高磷是增加土壤活性磷组分最直接的方式。Liao等研究表明，3个种植模式主要利用1 M HCl－Pi组分；间作系统还消耗了浓HCl－Po组分，说明种植模式能引起土壤磷素组分不同程度变化。本实验中，相比单作模式下玉米或单作模式下大豆，间作模式消耗了土壤H_2O－Pi、$NaHCO_3$－Po、NaOH－Pi、NaOH－Po、1M HCl－Pi组分，主要是不稳定性和中等不稳定性P，在高磷下间作模式还消耗了稳定性P；相比单作玉米，间作模式增加了土壤conc. HCl－Pi含量；相比单作玉米，单作大豆增加了土壤H_2O－Pi、$NaHCO_3$－Pi含量，消耗了$NaHCO_3$－Po组分。同时，间作模式对磷组分的影响受土壤本身磷水平限制。总体而言，间作模式促进了土壤中低有效性磷素向活性磷转化。其中，单作大豆土壤H_2O－Pi和$NaHCO_3$－Pi最高，$NaHCO_3$－Po却有所降低，说明大豆根系本身具有活化磷能力，使有机磷转化为可被直接利用的无机磷形态。豆科作物能活化土壤中的难溶性磷，豆科/禾本科间作模式通过根系交互作用实现根系资源共享。种植土壤中Resin－P和$NaHCO_3$－P比未种植土壤中明显减少，根际pH也降低，差异不仅取决于磷含量、形态，也与土壤类型有关。

5.4.3　种植模式及磷水平对土壤 pH、酸性磷酸酶活性的影响

一般认为，根际溶液 pH 的降低能改变矿物溶解速率，使其远离平衡状态，或在矿物表面与铁、铝等阳离子形成络合物，从而影响吸附的磷酸根阴离子的结合强度。本书研究中，栽培植物使水培营养液在 20 天内 pH 降低了 1.1 个单位，说明植物本身会分泌酸性物质维持渗透平衡；但不同处理间差异不明显，原因可能是根系排出的离子扩散到营养液中降低了其浓度。Dissanayaka 等研究玉米/白羽扇豆间作，也发现根际土壤相比非根际土壤降低了 pH。在土培下，相比单作玉米，间作模式和单作大豆显著降低了土壤 pH。Wang 等对玉米/大豆间作分隔试验，发现不分隔显著降低了低磷下玉米/大豆根际土 pH。但本试验中，相比高磷，低磷降低了 pH，得出了相反结论：一般地，缺磷条件下豆科作物由于固氮作用会吸收更多阳离子，从而释放更多 H^+ 使土壤酸度降低，根际促生微生物对磷效率也具有较大影响。

磷酸酶在土壤和植物组织中的磷活化和磷循环过程中起着重要的作用。土壤溶液中释放的无机磷可直接被植物根系吸收，而有机磷可被磷酸酶水解进而释放无机磷酸根离子。一般而言，碱性磷酸酶和酸性磷酸酶活性的最佳 pH 分别为 8～10 和 4～7，具体取决于底物类型、底物浓度和所用缓冲液。孙宝茹在玉米/紫花苜蓿间作中得出，根际酸性磷酸酶活性在间作玉米磷素营养中起着关键作用。在本书研究中，水培下间作模式没有影响玉米和大豆根系酸性磷酸酶活性；相比高磷，低磷显著降低了玉米根系酸性磷酸酶活性，反而显著增加了大豆根系酸性磷酸酶活性，说明低磷胁迫下大豆对磷活化起着重要作用。在土培下，间作模式和缺磷都显著提高了土壤酸性磷酸酶活性，与在水培下的玉米结论不一致，原因可能是土培下玉米根际土壤微生物对酸性磷酸酶活性影响较大。有研究表明，根际水溶性磷主要是与根际酸性磷酸酶和 pH 相关。

5.4.4　种植模式及磷水平对植株根系分泌物的影响

在养分胁迫下，豆科/禾本科间作模式中促生作物可以进化各种适应性策略（如根际代谢适应、根系形态改变与分布、共生菌根真菌、根系释放酸性磷酸酶或有机阴离子等生理适应）来提高土壤养分的生物有效性，从而利于自身

或邻近非促生作物获取营养。Zhang 等研究发现，玉米/蚕豆间作模式中玉米根系可以延伸到邻近蚕豆根系附近，且蚕豆根际能分泌大量酸性磷酸酶和柠檬酸，表现出较强的活化磷能力，从而有利于邻近玉米生长。据此，本实验推测大豆根系具有类似的活化磷能力，从而提高了玉米植株的干重和吸磷量。本书研究结果发现，种植模式和磷水平对水培和土培下有机酸含量有显著的交互效应，间作模式和低磷都增加了玉米和大豆土壤和根系分泌物中总有机酸含量。在土培下，大豆土壤有机酸总量高于玉米，但水培下收集到大豆根系分泌物远比玉米少，可能是土培下大豆根际微生物起了关键性作用，实际中也观察到大豆根系结瘤较多；水培下，大豆植株生长相比玉米成劣势，根量相对较少，收集液也更澄清，有待进一步研究。水培实验中，间作模式可以改变有机酸分泌种类和分泌速率，其中草酸分泌量最大，与陈利等研究结果一致。

Li 等研究在小麦/蚕豆间作系统中，间作小麦根际苹果酸、柠檬酸浓度显著增加，说明间作模式促进了有机酸的分泌。本书研究中，间作模式促进了水培下大豆根系草酸、酒石酸、苹果酸、丙二酸、乳酸、柠檬酸的分泌，且低磷下，相比玉米，间作模式明显提高了大豆根系分泌有机酸总量；土培下，间作模式显著增加了土壤中草酸、苹果酸、柠檬酸的含量。Zhou 等研究中发现，低磷促进了大豆根系分泌不同有机酸。类似的，本实验中，相比高磷，低磷增加了土壤苹果酸和柠檬酸含量；在水培下，低磷显著增加了间作模式下大豆根系酒石酸、苹果酸、丙二酸、乙酸、琥珀酸的分泌速率。Cheng 等也得出白羽扇豆根际含有柠檬酸和苹果酸。豆科作物并不总是能提高邻近植物的磷吸收和利用效率，Li 等比较了在酸性土壤上，间作模式和单作玉米对磷吸收的根际过程，间作模式和单作玉米根际土壤羧酸盐含量存在显著差异，且高磷能显著提高玉米根际羧酸盐浓度，这个过程中豆科作物没有起到活化磷的作用。本书研究中，土培下，低磷显著增加了玉米土壤苹果酸、乳酸、柠檬酸、琥珀酸含量；水培下，间作模式显著增加了玉米根系草酸、酒石酸、苹果酸、丙二酸、琥珀酸的分泌速率，说明间作模式也能调节玉米根系有机酸的分泌，且受不同磷水平的影响。

肖靖秀等研究小麦/蚕豆间作得出，间作模式降低了小麦根际土壤酚酸的含量。在本书研究结果中，检测到 3 种酚酸化合物，分别是邻苯二甲酸、丁香酸和阿魏酸。同样的，相比单作模式，土壤酚酸含量在间作模式下降低了 20.3%。酚酸含量可以指示化感作用，间作模式降低了个体间竞争，生物多样性起到了促进作用。雍太文等在麦/玉/豆套作中发现，套作模式促进了小麦根系分泌有机酸和可溶性糖，且提高了小麦根系活力和根系干重。可溶性糖可指示营养胁迫，也可为植物生命活动提供能源物质。本实验中，间作模式降低了高磷处理下玉米、增加了高磷处理下大豆根系中可溶性糖含量，说明在高磷下，间作模式玉米对大豆具有抑制作用。相比低磷，高磷提高了植株根系活力，改善了根际环境。有研究表明，酚类、氨基酸和糖类对土壤磷的活化也具有促进作用，可作为根际促生菌的同化物，本实验中，间作模式增加了大豆根系可溶性糖和可溶性蛋白含量。

5.4.5　有机酸对磷素有效性的影响

本书研究主要分析了根系分泌物中有机酸组分对土壤磷素活化效果。Krishnapriya等研究了不同有机酸的溶磷效果，柠檬酸、草酸、富马酸、琥珀酸等有机酸为30 mg/kg左右，苹果酸、丙酮酸和乳酸大于20 mg/kg；在本试验中，以丙二酸溶磷效果最佳，其次是苹果酸或草酸，乙酸处理效果最差，平均磷浓度在40 mg/kg左右，但相同的是都显著高于对照。整体上，随着浓度升高，土壤磷素活化效果越好，说明有机酸能明显提高土壤有效磷水平。

土壤pH和酸性磷酸酶活性在一定程度上能影响土壤速效磷水平，其相关系数都较低；根系分泌的有机酸和分泌速率可在一定程度上决定植株吸磷量，而植株磷累积量可反映出植株生长状况。另外，根长和根表面积也与根干重显著相关，说明根系增长也有利于生物量积累。结合前人研究，这里认为，间作系统能通过增强土壤酶活性和酸度（水解有机磷）、分泌更多有机酸（螯合阳离子、竞争吸附位点、富集根际促生微生物）等来优化根际环境，从而有利于土壤磷素向植株转移。

5.5　本章小结

（1）在不同施磷水平下，间作模式显著增加了玉米茎叶中磷浓度，有利于植株磷的累积；间作模式也显著提高了土壤速效磷和微生物生物量磷的含量，降低了土壤全磷含量，有利于土壤磷素向植株转移。在生长过程中，间作模式消耗了土壤不稳定性P和中等不稳定性P，同时还减少了土壤稳定性P，间作模式能促进土壤磷素向有效性转化。

（2）根系分泌的有机酸降低了根际溶液中的 pH。土壤缺磷时，间作模式能进一步降低土壤 pH，同时提高土壤酸性磷酸酶活性，有利于土壤磷素活化。间作模式提高了土壤总有机酸含量，主要增加了根际草酸、苹果酸、柠檬酸的含量；也提高了玉米和大豆根系总有机酸的分泌量和分泌速率；还增加了大豆根系可溶性糖和可溶蛋白含量，有利于含碳物质的分泌。

（3）间作模式通过降低土壤 pH 和提高酸性磷酸酶活性，能提高土壤速效磷水平；玉米根系有机酸分泌量和大豆根系有机酸分泌速率的增加有利于植株磷累积，而玉米和大豆植株磷累积有利于生物量合成；总根长和根表面积的增加有利于提高植株根系干重。

第6章　磷高效种植体系下大豆根际土壤微生物多样性分析

21世纪，农业生产既要满足高产需求，又要保证生态环境可持续发展。农业部于2015年提出了化肥农药减施行动方案，以确保粮食增产与化肥农药使用量零增长双重目标同时实现。2017年，“中央一号文件”提出深入推进农业供给侧结构性改革，大力推行绿色生产方式，增强农业可持续发展能力。

研究表明，豆科作物与禾本科作物间作能够提高土壤磷的有效性。间套作模式因其作物种间的互补与互惠作用，提高了根际土壤磷有效性，其原因除了根系分泌物促进根际土壤磷有效性提高外，微生物对土壤磷素的调控也起到了重要作用。土壤中的微生物既是人工生态系统中的消费者，也是其中的分解者。土壤微生物多样性指的是对真菌、放线菌、细菌等微生物族群在其遗传、种类及生态系统方面所发生的变化进行研究。土壤胁迫及土壤生态机制可以体现出土壤微生物的多样性和生物群落的稳定性。根际是微生物生长发育的场所，对外界环境非常敏感。由于根际是土壤环境和植物进行物质交换的媒介，根际环境一旦发生变化，根际微生物群落和功能都将产生变化。

微生物对土壤磷素有效性的调控起着至关重要的作用，课题组前期研究表明，玉米大豆套作模式可提高土壤磷素有效性，但该模式提高磷素有效性蕴含的微生物学机制尚缺乏系统研究。本书研究利用16S rDNA分析测试技术分析施磷水平和种植模式对作物产量、土壤磷有效性及微生物多样性的影响，弄清施磷水平和作物交互作用下大豆根际土壤微生物多样性变化规律，以期为进一步阐明豆科作物提高土壤磷有效性的微生物学机制，发展可持续种植体系提供理论依据。

6.1 研究方案

6.1.1 研究目标

本书研究以西南紫色丘陵区农田生态系统为研究对象，设置施磷（P）和不施磷（P0）2个施磷水平及玉米单作（M）、大豆单作（S）、玉米—大豆套作（M/S）3种种植模式，进行田间定位试验，测定土壤中的pH、速效磷、全磷等基本土壤指标和微生物多样性指标，探讨施磷水平和不同的种植方式对大豆根际土壤微生物多样性的影响。

6.1.2 技术路线

图6.1为技术路线图。

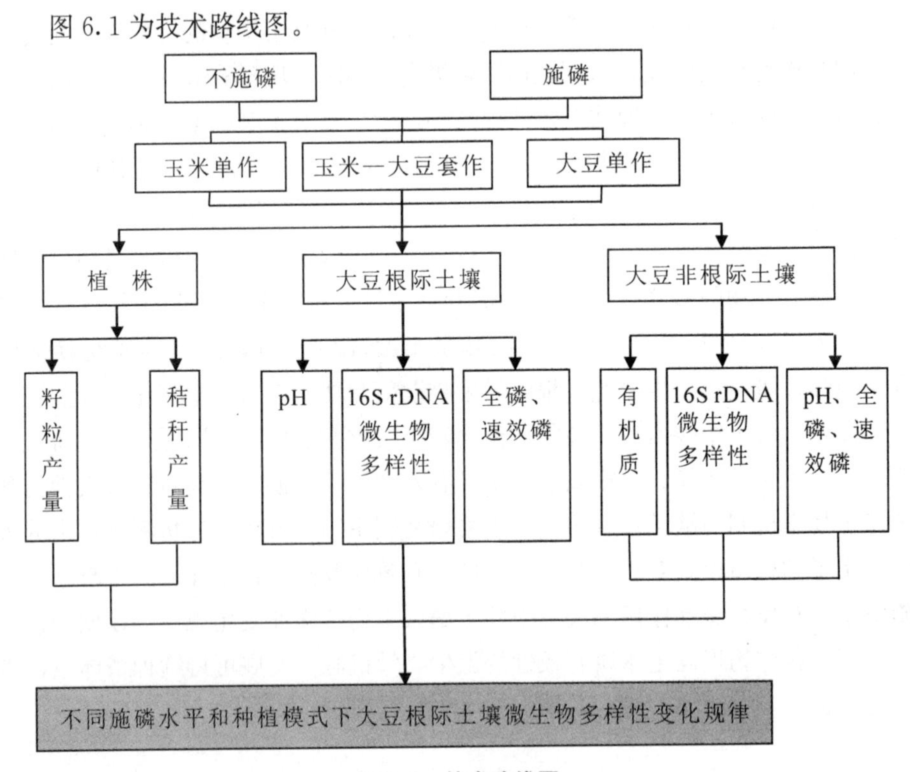

图6.1　技术路线图

6.2　材料与方法

6.2.1　试验地概况及试验材料

田间定位试验设置在雅安市四川农业大学教学实验农场（103°01′46″E，29°54′02″N），开始于 2012 年。雅安位于四川盆地西缘，属亚热带湿润季风气候区，年均气温 14.1 ℃～17.9 ℃，年均降雨量 1750 mm。本书研究涉及研究年度为 2018 年和 2019 年。大田试验选用品种：玉米为紧凑型品种登海 605，大豆为耐荫型品种南豆 12。大田土壤为旱地紫色土。

6.2.2　试验设计

采用裂区设计，主处理为不施磷（P0）和施磷（P）2 个施磷水平，副处理为单作大豆（S）、单作玉米（M），玉米—大豆套作（M/S）3 种种植模式。各处理重复 3 次，小区面积 36 m^2（6 m × 6 m）。玉米于 4 月初播种，大豆于 6 月初在玉米吐丝期播种。玉米施肥量：N 120 $kg \cdot hm^{-2}$，P_2O_5 0 或 90 $kg \cdot hm^{-2}$，K_2O 80 $kg \cdot hm^{-2}$，1/3 氮肥和全部磷钾肥于玉米播种时开沟撒施，2/3 氮肥于玉米大喇叭口期追施。大豆施肥量：N 20 $kg \cdot hm^{-2}$，P_2O_5 0 或 60 $kg \cdot hm^{-2}$，K_2O 60 $kg \cdot hm^{-2}$，全部于大豆播种时开沟施用。

玉米—大豆套作为带状种植，每个小区种植 3 带，带宽 2 m，采用宽窄行种植方式，玉米、大豆宽行 1.6 m，窄行 0.4 m，玉米宽行内种 2 行大豆，套作方式为 2 ∶ 2，相邻玉米行和大豆行间距 60 cm，玉米、大豆穴距均为 17 cm，玉米穴留 1 株，大豆穴留 2 株。各作物保证在单、套作方式下，单位土地面积的种植密度一致，即玉米种植密度为 5.85 万株/hm^2，大豆种植密度为 11.7 万株/hm^2。

6.2.3　样品采集与测定

6.2.3.1　植物样采集与产量测定

分别于 2018 年和 2019 年的玉米和大豆成熟期进行采样，在各小区内随机选择20株有代表性的玉米和大豆植株进行取样，样品在实验室内风干后，分别测定玉米穗粒数和千粒重，大豆的每株荚数、每荚粒数和百粒重，计算出理论产量。计算公式如下：

玉米产量（kg/hm^2）=有效穗数（$/hm^2$）×每穗粒数×千粒重（g）÷10^6

大豆产量（kg/hm^2）=有效株数（$/hm^2$）×单株荚数×每荚粒数×百粒重（g）÷10^5

套作系统下作物产量与单作系统下作物产量采用土地利用当量比进行比较。计算公式如下：

$$LER=\left(\frac{Yim}{Ymm}\right)+\left(\frac{Yis}{Yms}\right)$$

式中，Yim、Yis 分别代表套作模式下每公顷土地玉米、大豆的产量，Ymm 和 Yms 分别代表单作模式下玉米、单作模式下大豆的产量。当 $LER>1$ 时，表示套作模式具有产量优势，$LER<1$ 时，表示套作模式产量处于劣势。

6.2.3.2 土壤样品采集与测定

于2019年大豆成熟期采用传统挖掘法取土壤样品，取样时将根系从土壤中整体挖出，采用抖根法抖掉松散的土壤作为非根际土，用经火焰灭菌的镊子刮取附在根系的一薄层（<10 mm）土壤作为根际土壤，立即放入干冰中冷冻运输到实验室，放置于−80℃冰箱中保存。非根际土分别在不施磷和施磷处理下选择单作大豆小区内大豆行间（SP0N、SPN），玉米大豆套作系统玉米行和大豆行之间（IP0MS、IPMS）、大豆行和大豆行之间（IP0SS、IPSS）及对照裸地不种植物不施肥（BF）位置处进行采样，用土钻采集0～20 cm土层，每个土样由5个采集点土样混合、缩分，带回实验室，风干、研磨，分别过2 mm和0.2 mm筛，装入自封袋中。测定指标包括土壤pH、全磷和速效磷含量。pH采用5∶1的水土比悬液，用pH计测定；全磷含量采用H_2SO_4—$HClO_4$—钼锑抗比色法测定；速效磷含量采用Olsen法测定。

土壤微生物多样性采用16S rDNA分析测试技术测定，委托北京诺禾致源科技股份有限公司测试。具体测定方法如下：

（1）土壤DNA提取方法。

①基因组DNA的提取和PCR扩增。

采用CTAB或SDS方法对样本的基因组DNA进行提取，之后利用琼脂糖凝胶电泳检测DNA的纯度和浓度，取适量的样品于离心管中，使用无菌水稀释样品至1 ng/μL。

以稀释后的基因组 DNA 为模板，根据测序区域的选择，使用带 Barcode 的特异引物、New England Biolabs 公司的 Phusion High－Fidelity PCR Master Mix with GC Buffer 和高效高保真酶进行 PCR，确保扩增效率和准确性。

引物对应区域：

16S V4 区引物（515F 和 806R）：鉴定细菌多样性。

②PCR 产物的混样和纯化。

PCR 产物使用 2%浓度的琼脂糖凝胶进行电泳检测；根据 PCR 产物浓度进行等量混样，充分混匀后使用 1×TAE 浓度 2%的琼脂糖凝胶电泳纯化 PCR 产物，剪切回收目标条带。产物纯化试剂盒使用的是 Thermo Fisher Scientific 公司的 GeneJET 凝胶回收试剂盒回收产物。

③文库构建和上机测序。

使用 Thermo Fisher Scientific 公司的 Ion Plus Fragment Library Kit 48 rxns 建库试剂盒进行文库的构建，构建好的文库经过 Qubit 定量和文库检测合格后，使用 Thermofisher 公司的 Life Ion S5TM 或 Ion S5TMXL 进行上机测序。

（2）16S rDNA 基因数据分析流程。

①原始序列数据的预处理：包括对条形码序列的解复用，质量过滤，降噪，嵌合体检查和数据归一化。

②微生物多样性分析：构建操作分类单元（OTU）表，包括选择 OTU、选择代表性序列、比对代表性序列、对代表性序列进行分类分配、建立 OTU 的系统进化树。

③先进的数据分析和可视化：包括 alpha 和 beta 多样性分析，聚类和坐标分析及数据可视化。

6.2.4　数据处理

作物产量及土壤养分数据采用 SPSS 27.0 统计软件进行单因素 ANOVA 方差分析（邓肯法），结果统计显著性水平为 $P<0.05$。作物产量及土壤养分的结果数据利用 Excel 2010 软件制作图表。微生物多样性数据利用 Uparse 软件对所有样品的全部 Clean Reads 进行聚类，用 Mothur 方法和数据库进行物种注释分析，使用 Muscle 软件进行比对，使用 Qiime 软件（Version 1.9.1）

计算各种指数，使用R软件（Version 2.15.3）绘制各种曲线。

6.3 结果与分析

6.3.1 不同种植模式及施磷水平对作物产量的影响

在半人工半自然的农田生态系统中，作物的生长发育受人为耕作、施肥、灌溉及栽培模式等多种因素影响。间套作体系因作物地上部与地下部的交互作用，造成不同物种间对光能的截获与利用差异及对作物根系生长和养分的吸收影响较大，进而造成作物生物量和产量差异较大。在本书研究条件下，不同种植模式和施磷水平下玉米和大豆秸秆产量见表6.1。从表6.1可以看出，相同施磷水平下，套作模式下玉米和单作模式下玉米秸秆产量无显著差异，两年内产量较为稳定，表现出的趋势一致。同一种植模式下，施磷显著提高了玉米秸秆产量，单作模式下2018年提高了7.9%，2019年提高了12.4%；套作模式下2018年提高了25.3%，2019年提高了12.4%。大豆秸秆产量受种植模式及施磷水平的影响与玉米不同。同一施磷水平下，单作模式下大豆产量显著高于套作模式。不施磷条件下，2018年单作模式下大豆秸秆产量比套作模式下提高了69.1%，2019年提高了105%；施磷条件下，2018年单作模式比套作模式提高了94.0%，2019年提高了90.0%。从*LER*值可以看出，套作系统秸秆产量与单作系统相比具有产量优势，两年内变动不大，不施磷水平间的*LER*值差距不大。由此可见，种植模式对大豆秸秆产量影响较大，两年内施磷水平未表现出对大豆秸秆产量的影响；施磷水平对玉米秸秆产量影响较大，种植模式短期内未表现出对玉米秸秆产量的影响。

表6.1 不同种植模式和施磷水平下玉米和大豆秸秆产量（$kg \cdot ha^{-1}$）

年份	种植模式	玉米		大豆		*LER*	
		P	P0	P	P0	P	P0
2018	M	9654±186aA	8947±158aB				
	M/S	9518±299aA	7598±204bB	2007±285bA	1900±110bA	1.50	1.44
	S			3894±311aA	3212±392aA		

续表

年份	种植模式	玉米		大豆		*LER*	
		P	P0	P	P0	P	P0
2019	M	9563±275aA	8509±112aB				
	M/S	9821±351aA	8741±146aB	1687±120bA	1438±159bA	1.55	1.51
	S			3206±216aA	2951±170aA		

注：同一年份内同种作物不同小写字母表示相同施磷水平下种植模式间差异显著（$P<0.05$），不同大写字母表示相同种植模式下施磷水平间差异显著（$P<0.05$）。

不同种植模式和施磷水平下玉米和大豆籽粒产量见表 6.2。同一施磷水平下，套作模式下玉米和单作模式下玉米籽粒产量无显著差异。相同种植模式下，施磷水平对玉米籽粒产量的影响在 2018 和 2019 年两年间表现不同，2018 年施磷对玉米籽粒产量影响不显著，而 2019 年施磷显著提高了玉米籽粒产量，单作模式下提高了 16.5%，套作模式下提高了 7.6%。对于大豆来说，除 2019 年单作模式下施磷显著提高了大豆籽粒产量外，2019 年的套作模式及 2018 年的两种种植模式下，施磷对大豆籽粒产量无显著影响。同一施磷水平下，单作模式下大豆籽粒产量显著高于套作模式。不施磷条件下，2018 年单作模式比套作模式大豆籽粒产量提高了 103%，2019 年提高了 99.7%；施磷条件下，2018 年单作模式比套作模式提高了 96.8%，2019 年提高了 104%。由此可见，种植模式对大豆籽粒产量影响较大，随种植年限的延长，施磷水平对玉米籽粒产量有一定的影响。

表 6.2　不同种植模式和施磷水平下玉米和大豆籽粒产量（$kg \cdot ha^{-1}$）

年份	种植模式	玉米		大豆		*LER*	
		P	P0	P	P0	P	P0
2018	M	8381±367aA	7918±247aA				
	M/S	8151±99.3aA	7791±489aA	1563±112bA	1414±218bA	1.48	1.48
	S			3076±242aA	2869±206aA		
2019	M	8775±198aA	7530±145aB				
	M/S	8323±254aA	7735±155aB	1700±230bA	1407±192bA	1.44	1.53
	S			3465±188aA	2810±228aB		

注：同一年份内同种作物不同小写字母表示相同施磷水平下种植模式间差异显著（$P<0.05$），不同大写字母表示相同种植模式下施磷水平间差异显著（$P<0.05$）。

6.3.2 不同种植模式及施磷水平对土壤理化性质的影响

6.3.2.1 不同种植模式和施磷水平下大豆根际土 pH、全磷和速效磷含量

不同种植模式和施磷水平下大豆根际土 pH、全磷和速效磷含量见表 6.3。施磷处理下，套作模式显著降低了大豆根际土 pH，但仍接近中性。同一施磷水平下，套作模式显著降低了大豆根际土壤全磷含量；同一种植模式下，施磷显著降低了大豆根际土壤全磷含量。不施磷处理下，种植模式对大豆根际土速效磷含量无显著影响；施磷处理下，套作模式显著降低了大豆根际土速效磷含量。套作模式下，施磷显著降低了大豆根际土速效磷含量。

表 6.3 不同种植模式和施磷水平下大豆根际土 pH、全磷和速效磷含量

种植模式	pH		全磷（g·kg^{-1}）		速效磷（mg·kg^{-1}）	
	P	P0	P	P0	P	P0
M/S	6.82±0.05bB	7.19±0.05aA	0.409±0.01bB	0.610±0.01bA	19.2±1.91bB	25.1±3.57aA
S	7.23±0.05aA	7.12±0.22aA	0.626±0.05aB	0.711±0.03aA	30.1±1.39aA	27.3±2.00aA

注：不同小写字母表示相同施磷水平下种植模式间差异显著（$P<0.05$），不同大写字母表示相同种植模式下施磷水平间差异显著（$P<0.05$）。

6.3.2.2 不同种植模式和施磷水平下大豆非根际土 pH、有机质、全磷和速效磷含量

不同种植模式和施磷水平下大豆非根际土 pH、有机质、全磷和速效磷含量见表 6.4。与裸地相比，无论施磷与否，套作大豆行间的非根际土壤 pH 均有显著提高。常年耕作的所有处理土壤与裸地相比均显著降低了土壤有机质含量，各处理中以大豆单作施磷和套作系统中 2 行大豆行间施磷处理非根际土壤有机质降低相对较多。无论施磷与否，套作系统玉米和大豆行间土壤全磷含量与裸地相比，提高了耕层土壤全磷含量。除间作系统 2 行大豆间非根际土外，其余处理与裸地相比，均显著提高了土壤速效磷含量，其中，套作系统玉米和大豆行间不施磷处理的土壤速效磷含量最高。

表 6.4　不同种植模式和施磷水平下大豆非根际土 pH、有机质、全磷和速效磷含量

种植模式及取样位置	pH	有机质（%）	全磷（g·kg⁻¹）	速效磷（mg·kg⁻¹）
BF	7.30±0.16c	3.10±0.04a	0.623±0.014b	41.9±1.96d
SP0N	7.40±0.08c	2.60±0.15b	0.637±0.014b	47.1±3.97bc
SPN	7.43±0.12bc	1.61±0.15cd	0.653±0.011b	48.6±2.94b
IP0SS	7.61±0.15a	1.72±0.18c	0.650±0.033b	43.1±2.11cd
IP0MS	7.42±0.02bc	1.43±0.24d	0.692±0.016a	56.8±2.70a
IPSS	7.58±0.11ab	2.53±0.30b	0.639±0.028b	39.5±2.56d
IPMS	7.36±0.03c	1.86±0.12c	0.682±0.006a	46.4±1.58bc

注：同一列中不同小写字母表示处理间差异显著（$P<0.05$）。

6.3.3　不同种植模式及施磷水平对微生物多样性的影响

6.3.3.1　不同施磷水平及种植模式对应的根际土菌群 OTU 数目

为研究样品物种组成及多样性信息，基于 Vsearch 软件对所有样品的全部 Effective Tags 序列进行聚类（默认选取 Identity 为 97%），形成 OTU（Operational Taxonomic Unit），采用 Otutab－norm 算法（USEARCH V10）对 OTU 丰度表格进行均一化处理。本次分析采用 OTU 数目来评价各组样品的细菌多样性的情况。图 6.2 为不同施磷水平及种植模式根际土各组的 OTU 数目，可以看到不同种植模式和不同施磷水平的根际土的 OTU 数目情况。各组样品 OTU 数目分布在 4600～6700。不同分组的 OTU 数量差异相对显著：其中，单作大豆施磷根际土（SPR）组 OTU 数量在 6500～6700，单作大豆不施磷根际土（SP0R）组 OTU 数量在 4600～5700，套作大豆施磷根际土（IPR）组 OTU 数量在 5500～6200，套作大豆不施磷根际土（IP0R）组 OTU 数量在 5300～6200。SPR 组与其他三组有显著差异；SP0R 组与 IPR、IP0R 组有显著差异，IPR 组与 IP0R 组无明显差异。这说明施磷对单作大豆根际细菌多样性影响较大，而套作模式下施磷对大豆根际土细菌微生物多样性影响较小，总体来说单作模式下施磷处理下细菌微生物多样性最高。

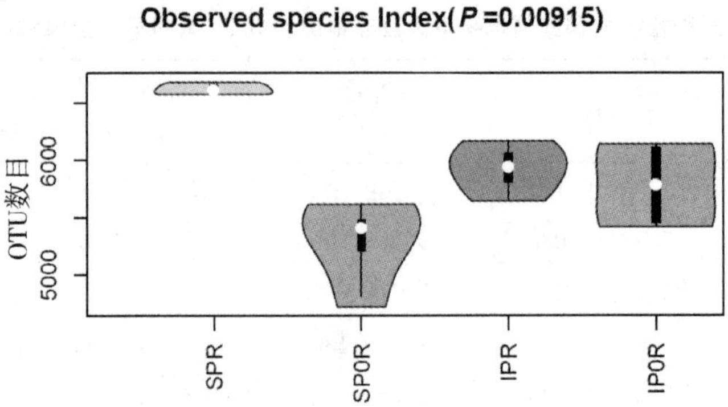

SPR—单作大豆施磷根际土；SP0R—单作大豆不施磷根际土；

IPR—套作大豆施磷根际土；IP0R—套作大豆不施磷根际土。

图 6.2　不同施磷水平及种植模式根际土各组的 OTU 数目

6.3.3.2　不同施磷水平及种植模式下根际土的物种组间多样性及组间群落结构差异分析

偏最小二乘判别法（PLS－DA）是一种数学优化技术，它通过最小化误差的平方和找到一组数据的最佳函数匹配。用最简的方法求得一些真值，而令误差平方之和为最小。基于 Weighted Unifrac 距离进行 PCoA 分析，并选取贡献率最大的主坐标组合进行作图展示，图中样品的距离越接近，表示样品的物种组成结构越相似（图 6.3）。可以看出不同种植模式、不同施磷水平的土壤样品间距离差异较大，组间差异大于组内差异，这表明：

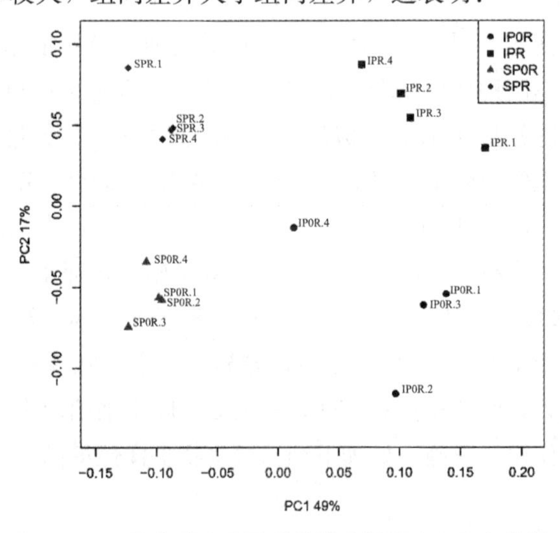

图 6.3　不同施磷水平及种植模式根际土 PCoA 分析

（1）在采取不同的种植模式或不同的施磷水平条件下，细菌群落结构会产生较大的变化；

（2）主要轴PC1极可能与不同种植模式有关，能解释49%的变量差异，单作大豆不施磷根际土（SP0R）与套作不施磷根际土（IP0R）、单作施磷根际土（SPR）与套作施磷根际土（IPR）对比的两大分组在该轴能很好区分，差异显著；

（3）次要轴PC2极可能与磷肥施用情况有关，能解释17%的变量差异，单作施磷根际土（SPR）与SP0R、IPR与IP0R这两组对照在该轴上能相对较好区分，差异显著；

（4）综上可知，土壤细菌群落结构受种植模式、磷肥施用情况的共同影响，在不同的种植模式下，有49%的变量差异，但在不同的施磷情况下，只有17%的变量差异，从而推测出种植模式比磷肥施用情况对土壤细菌群落结构带来的差异相对更大。

基于属水平的物种丰度进行PLS－DA分析，并选取贡献率最大的主坐标组合进行作图展示（图6.4），图中样品的距离越接近，表示样品的物种组成结构越相似。单作大豆不施磷根际土（SP0R）组可能的优势物种相对较多，优势物种为*BD1－7clade*、*Anaeromyxobacter*（厌氧黏细菌）、*Sporomusa*（鼠孢菌属）、*Halomonas*（盐单胞菌属）、*Mucispirillum*（黏螺菌属）、*Clostridiumsensustricto8*；单作大豆施磷根际土（SPR）、套作大豆施磷根际土（IPR）、套作大豆不施磷根际土（IP0R）组的优势物种相对较少，单作大豆施磷根际土（SPR）组的优势物种为*Chryseolinea*、*Woodsholea*（木洞菌属），套作大豆不施磷根际土（IP0R）组的优势物种为*Sediminibacterium*（分枝杆菌）、*Bradyrhizobium*（慢生根瘤菌）。在不同的种植模式及不同的施磷处理下，优势物种存在显著的差异。这说明在种植模式单一且磷相对缺乏的情况下，大豆根系生长及分泌物的调控作用促进了土壤微生物优势物种的富集。

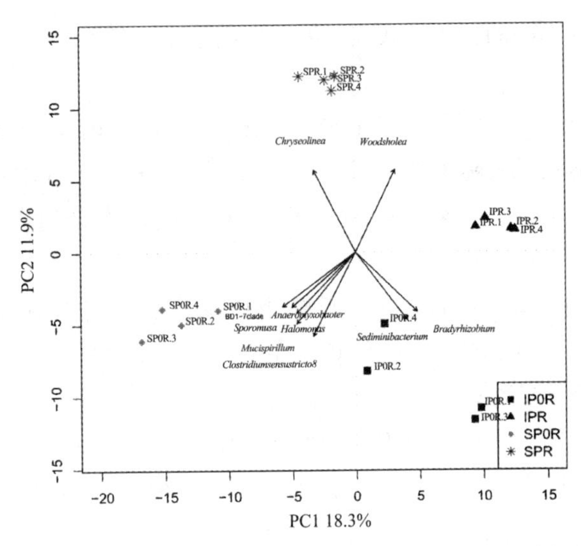

图 6.4 不同施磷水平及种植模式根际土 PLS－DA 分析图

MRPP 分析可以用来比较组间群落结构差异是否显著，同时可评判比较组内差异和组间差异的大小。MRPP 分析时，结果得到 *A* 值、*Observe Delta* 值、*Expect delta* 值和 *Significance* 值；*Observe Delta* 值越小，说明组内差异越小；*Expect delta* 值越大，说明组间差异越大。

不同施磷水平及种植模式根际土 Anosim 组间差异分析见表 6.5，不同施磷水平及种植模式根际土 MRPP 组间差异分析见表 6.6。从表 6.5、表 6.6 可以看出，SPR 与 SP0R、SP0R 与 IP0R、SPR 与 IPR、IPR 与 IP0R 样品组间整体结构差异显著（$P<0.05$），说明种植模式及是否施用磷肥对根际土中微生物的群落结构均有显著影响。

表 6.5 不同施磷水平及种植模式根际土 Anosim 组间差异分析

Group	*R*	*P*
SP0R－SPR	1	0.028
IP0R－SP0R	1	0.038
IPR－SPR	1	0.031
IPR－IP0R	0.875	0.029

注：$-1<R<1$。当 $R>0$ 时，表明组间有显著差异。当 $R<0$ 时，表明组间差异小于组内差异。用 *P* 表示统计分析的可信度，其中 $P<0.05$ 表示统计具有显著性。

表 6.6　不同施磷水平及种植模式根际土 MRPP 组间差异分析

Group	*A*	*Observed Delta*	*Expect Delta*	*Significance*
SP0R－SPR	0.18370	0.3542	0.4339	0.035
IP0R－SP0R	0.21660	0.3742	0.4776	0.025
IPR－SPR	0.24770	0.3850	0.5118	0.028
IP0R－IPR	0.09236	0.4050	0.4462	0.036

注：*Observe Delta* 值越小，说明组内差异小；*Expect delta* 值越大，说明组间差异大。*A* 值大于 0，说明组间差异大于组内差异；*A* 值小于 0，说明组内差异大于组间差异。*Significance*值小于 0.05，说明差异显著。

6.3.3.3　不同施磷水平对相同种植模式下大豆根际、非根际土微生物物种组间多样性及组间群落结构差异分析

图 6.5 为施磷或不施磷条件下大豆单作或套作根际土壤和非根际土壤 PCoA 分析，可以看出不同种植模式、不同磷肥施用情况下的土壤样品间距离差异较大，组间差异大于组内差异，这表明：

（1）施磷与不施磷比较，采取不同的磷肥施用水平，细菌群落结构会产生较大的变化；

（2）主要轴 PC1 极可能与磷肥施用水平有关，单作不施磷与单作施磷对比、套作不施磷与套作施磷对比在该轴能很好地区分。

图 6.6 为施磷或不施磷条件下大豆单作或套作根际土壤和非根际土壤 PLS－DA 分析图，可以看出：

（1）SP0R 组与 SPR 组对比，SPR 组可能的优势物种相对较多，*Chryseolinea*、*Tepidisphaera*、*Bacillus*（芽孢杆菌属）、*Adhaeribacter*、*Schlegelella*、*Sulfitobacter*（亚硫酸杆菌）、*Cystobacter*（孢囊杆菌属）、*Ruminococcus*2（胃球菌属）、*Acaryochloris*、*Asticcacaulis*（不粘柄菌属）均指向 SPR 组。

（2）IP0R 组与 IPR 组对比，IP0R 组可能的优势物种相对较多，分别为 *Azonexus*、*Methylobacillus*（甲基菌属）、*Dyadobacter*、*Lacibacter*、*Pedosphaera*、*Leucobacter*、*Ruminiclostridium*9、*Ancalomicrobium*（臂微菌属）、*Bosea*（氏菌属）、*Opitutus*（丰佑菌属）等。IPR 组的优势物种为 *Methylobacillus*、*Dyadobacter*。

（3）SP0N 组与 SPN 组对比，SP0N 组可能的优势物种相对较多，分别为 *CandidatusBrocadia*、*Ruminiclostridium*9、*Azovibrio*（固氮弧菌属）、*BD*1 － 7*clade*、*Clostridiumsensustricto*6、*LachnospiraceaeNK*4*A*136*group*、

Geothermobacter、*Mucispirillum* 等。SPN 组的优势物种为 *Anaerobacterium*、*Actinocorallia*（珊瑚状放线菌属）。

（4）IP0SS 组与 IPSS 组对比，IP0SS 组可能的优势物种相对较多，分别为 *Altererythrobacter*、*Syntrophus*（互养菌属）、*BD1－7clade*、*Phenylobacterium*（苯基杆菌属）、*Azonexus*、*AKIW*659、*Haemophilus*（嗜血杆菌属）等。IPSS 组中的优势物种为 *Gaiella*、*Iamia*、*Roseiflexus*（玫瑰弯菌属）。

（5）IP0MS 组与 IPMS 组对比，IP0MS 组中的优势物种相对较多，分别为 *DS－100*、*BD1－7clade*、*Tellurimicrobium*、*Ilumatobacter*、*Geothermobacter*。IPMS 组中的优势物种为 *Solirubrobacter*、*Ralstonia*（青枯菌属）、*Gemmata*（出芽菌属）、*ChristensenellaceaeR－7group*。

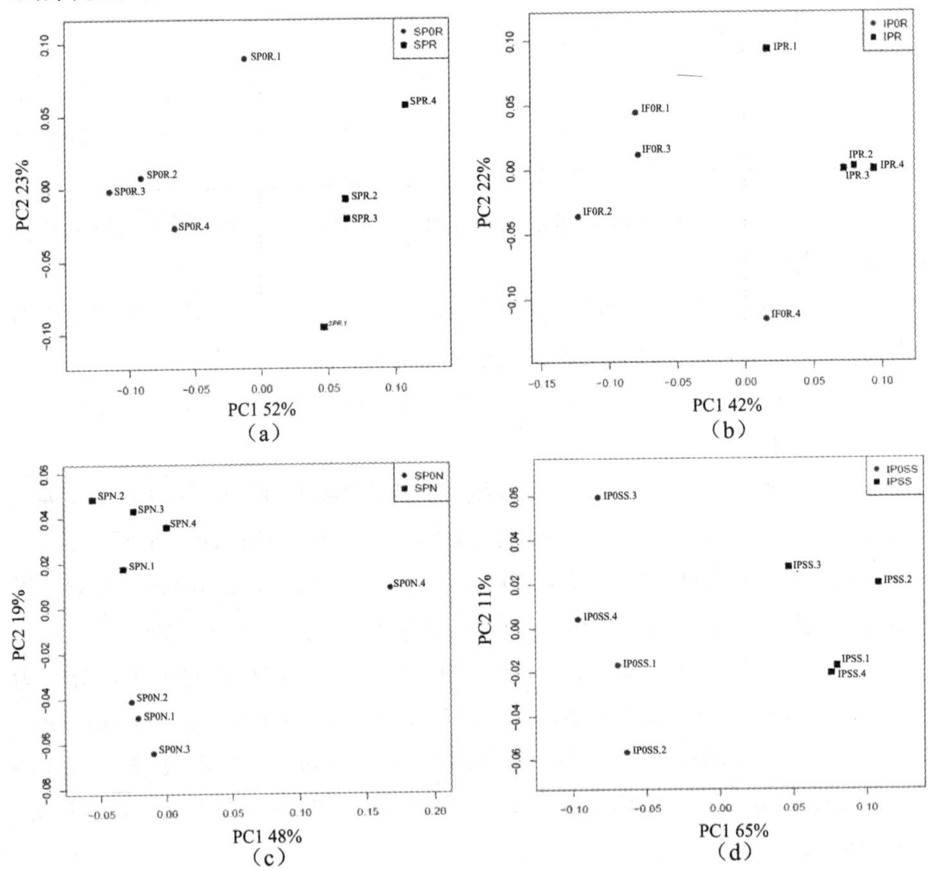

图 6.5　施磷或不施磷条件下大豆单作或套作根际土壤和非根际土壤 PCoA 分析

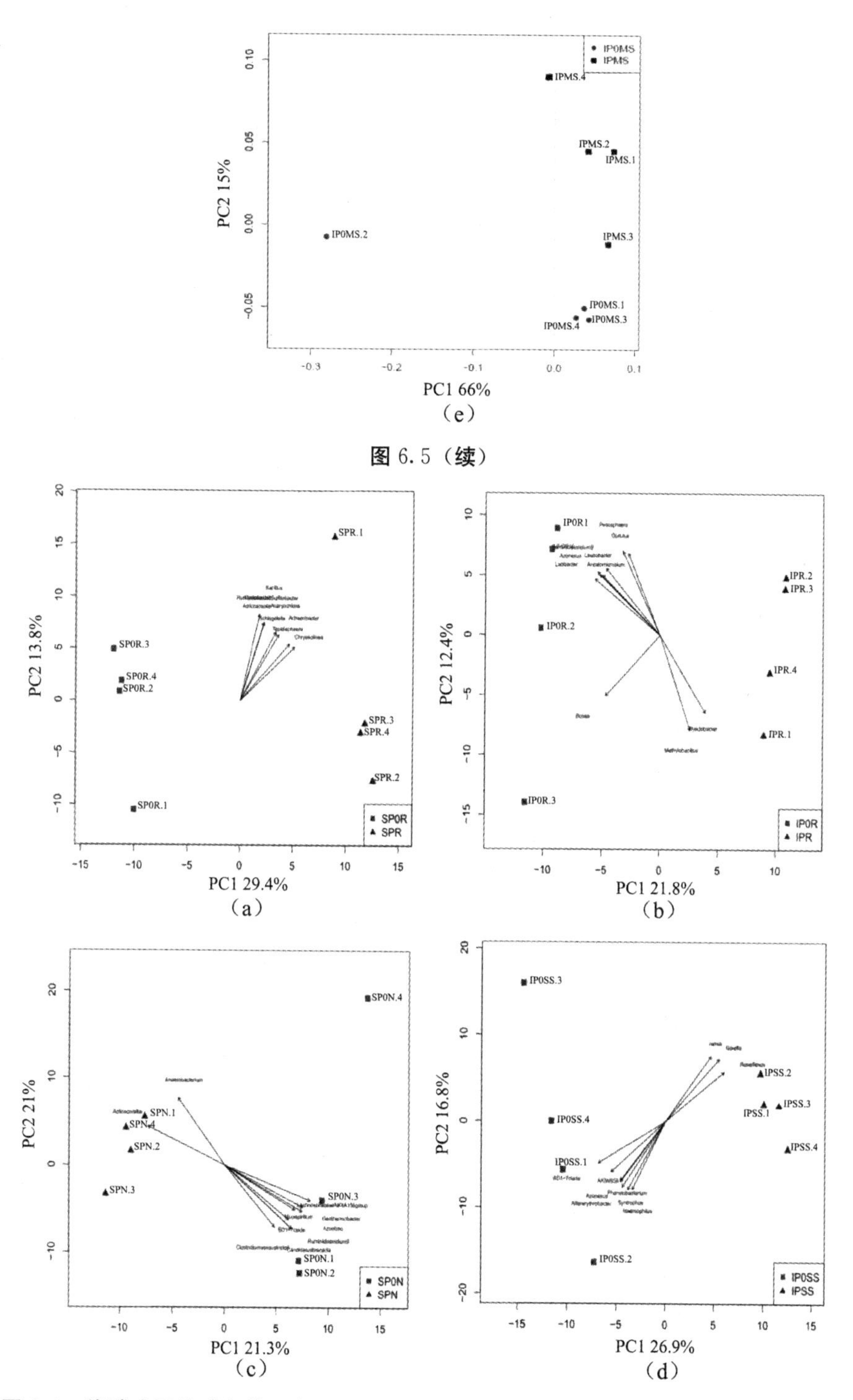

图 6.6　施磷或不施磷条件下大豆单作或套作根际土壤和非根际土壤 PLS—DA 分析图

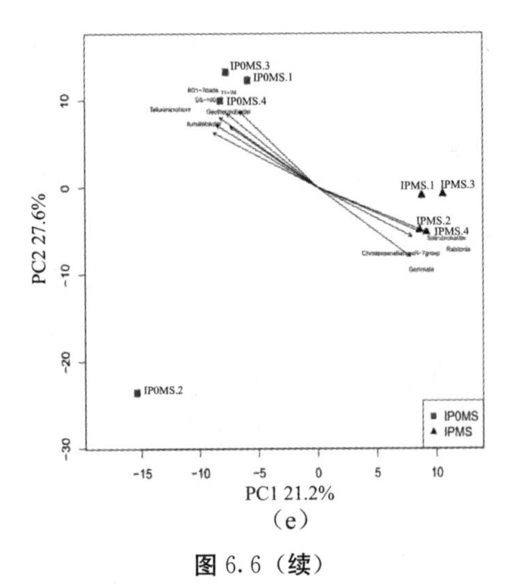

(e)

图 6.6（**续**）

在单作大豆中，施磷根际土组的优势物种显著多于不施磷根际土组；在套作大豆中，不施磷根际土组的优势物种显著多于施磷根际土组。在单作大豆中，不施磷非根际土组的优势物种显著多于施磷非根际土组。套作大豆中，不施磷大豆间非根际土组的优势物种显著多于施磷大豆间非根际土组，不施磷玉豆间非根际土组的优势物种显著多于施磷玉豆间非根际土组。这表明施磷水平对单作或套作大豆根际土和非根际土的微生物多样性影响较大。

施磷或不施磷条件下大豆单作或套作根际土壤和非根际土壤 Anosim 组间差异分析见表 6.7，施磷或不施磷条件下大豆单作或套作根际土壤和非根际土壤 MRPP 组间差异分析见表 6.8。从表 6.7、表 6.8 可以看出，SP0R 组与 SPR 组、IP0R 组与 IPR 组、SP0N 组与 SPN 组、IP0SS 组与 IPSS 组、IP0MS 组与 IPMS 组样品组间整体结构差异显著（$P<0.05$），说明不同的磷肥施用水平对根际土及非根际土中微生物的群落结构有显著影响。

表 6.7　**施磷或不施磷条件下大豆单作或套作根际土壤和非根际土壤** Anosim **组间差异分析**

Group	R	P
SP0R－SPR	1	0.027
IP0R－IPR	0.875	0.03
SP0N－SPN	0.4583	0.041
IP0SS－IPSS	1	0.024
IP0MS－IPMS	0.375	0.032

表 6.8　施磷或不施磷条件下大豆单作或套作根际土壤和非根际土壤 MRPP 组间差异分析

Group	*A*	*observed*－*delta*	*expected*－*delta*	*Significance*
SP0R－SPR	0.1837	0.3542	0.4339	0.028
IP0R－IPR	0.09236	0.40500	0.44620	0.02800
SP0N－SPN	0.06378	0.37860	0.40440	0.03500
IP0SS－IPSS	0.2051	0.3260	0.4101	0.0320
IP0MS－IPMS	0.07111	0.41110	0.44260	0.02100

6.3.4　大豆产量信息和环境因子与微生物 PERMANOVA 关联分析

6.3.4.1　大豆产量信息与微生物 PERMANOVA 关联分析

PERMANOVA 可以用于分析环境因子或其他表型数据与微生物群落或物种之间是否显著相关，计算环境因子与微生物物种间的 spearman 相关系数，并用热图展示。

根据 metastat 和 indicator species 得到的属水平细菌与大豆籽粒产量和大豆秸秆产量信息的 PERMANOVA 分析热图（$P<0.05$）（图 6.7）。

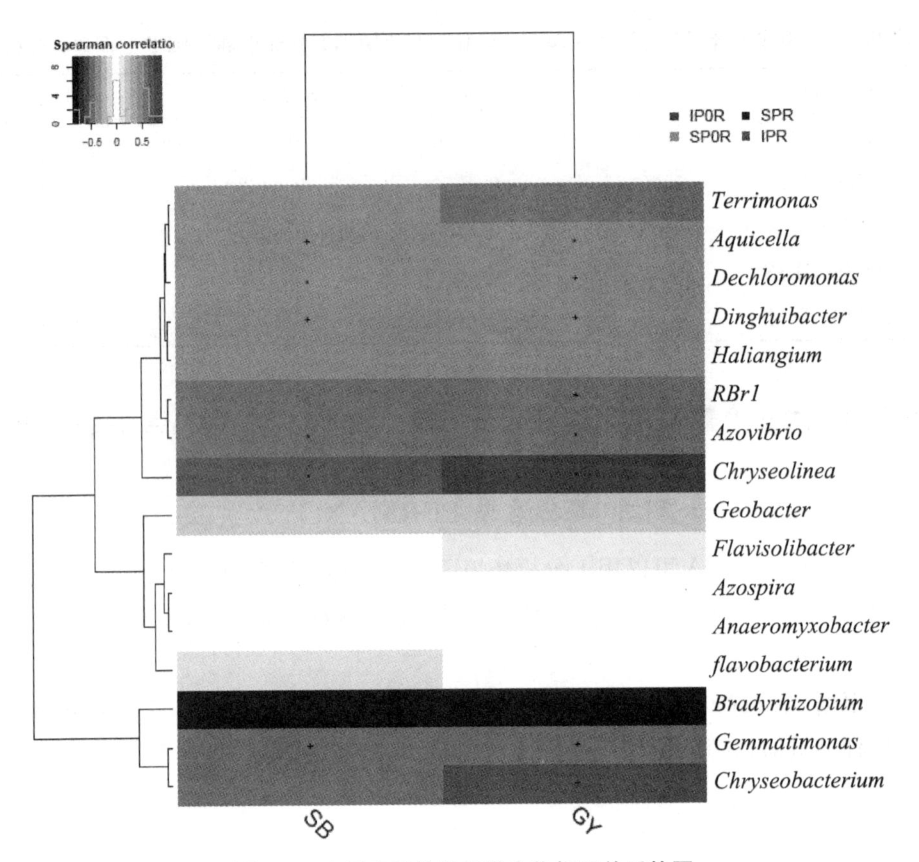

图 6.7　大豆产量信息与微生物相互关系热图

注：横排代表物种，竖排代表大豆的秸秆产量与籽粒产量，图中的＋表示 $P<0.05$，*表示 $P<0.01$。右侧每一横排的是物种的 ID，SB 表示秸秆生物量 stalk biomass，GY 表示籽粒产量 grain yield。

从图中可以看出 *Terracidiphilus*、*Aquicella*（阿奎拉属）、*Dechloromonas*、*Dinghuibacter*、*Haliangium*、*RB*41、*Azospira*（固氮螺菌属）、*Chryseobacterium*（金黄杆菌属）、*Geobacter*（土杆菌属）与大豆秸秆产量及大豆籽粒产量呈正相关，*Bradyrhizobium*（慢生根瘤菌属）、*Gemmatimonas*（芽单胞菌属）、*Chryseolinea* 与大豆秸秆产量及大豆籽粒产量呈负相关。

6.3.4.2　环境因子与微生物 PERMANOVA 关联分析

从与至少一个环境因子有显著相关性的物种里，取丰度排名前 50 的物种，得到的属水平细菌与环境因子信息的 PERMANOVA 分析热图（$P<0.05$）（图 6.8、图 6.9）。

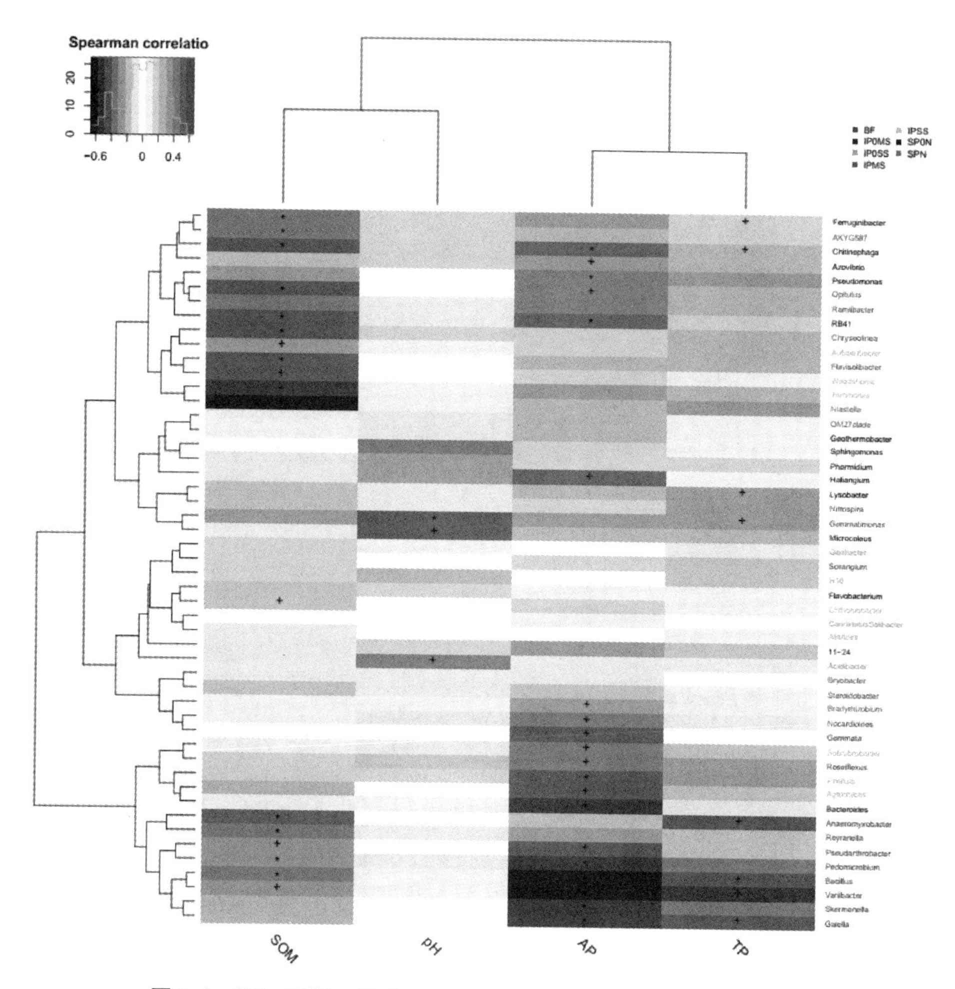

图 6.8 BF、IPSS、IP0MS、SP0N、IP0SS、SPN、IPMS 组热图

注：横排代表的是物种，竖排代表的是样本的表型信息，图中的＋表示 $P<0.05$，* 表示 $P<0.01$。右侧每一横排的是物种的 ID。

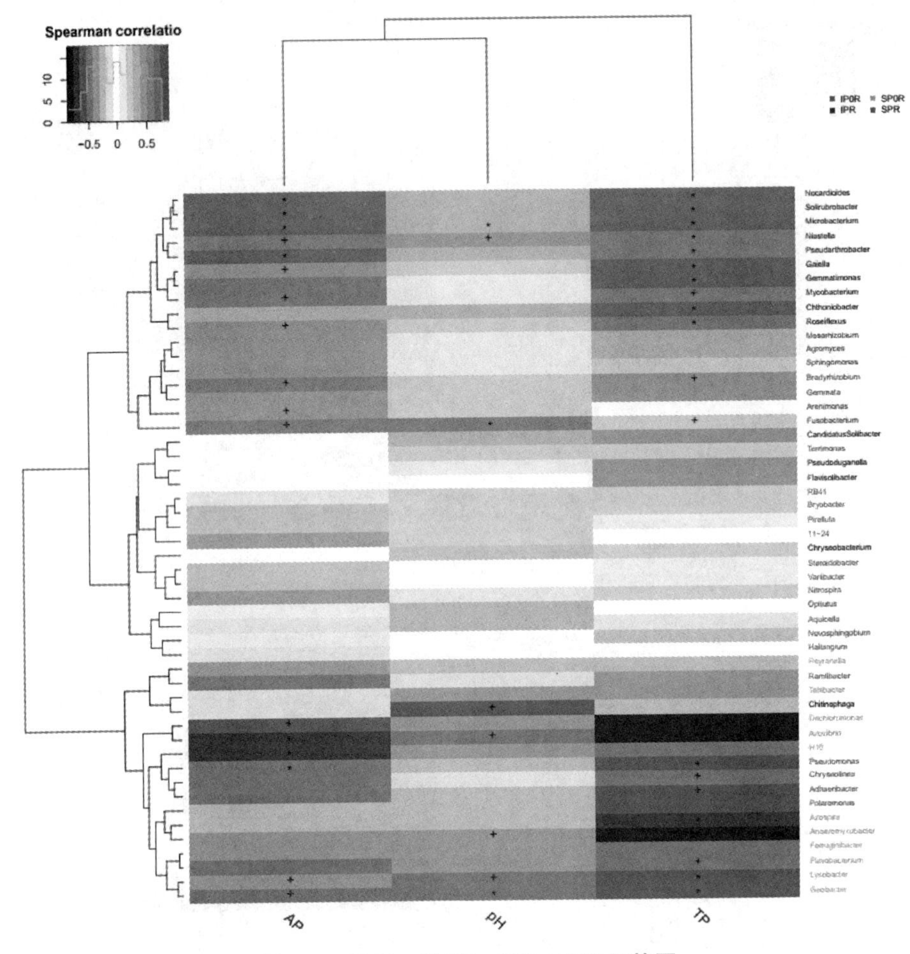

图 6.9　IP0R、SP0R、IPR、SPR **组热图**

图 6.8 分别对 BF、IPSS、IP0MS、SP0N、IP0SS、SPN、IPMS 组的样品与其环境因子数据进行 PERMANOVA 关联分析。可以直观看出，各种环境因子与各组间微生物的相互关系：*Anaeromyxobacter*（厌氧粘细菌）、*Reyranella*（雷兰氏菌属）、*Pseudarthrobacter*（假圆弧杆菌属）、*Pedomicrobium*（土微菌属）、*Bacillus*（芽孢杆菌属）、*Variibacter*（变异杆菌属）、*Skermanella*（斯克尔曼氏菌属）、*Gaiella*（盖埃拉菌属）与 SOM 呈正相关，与 AP、TP 呈负相关。*Ferruginibacter*（铁根杆菌属）、*AKYG*587、*Chitinophaga*（鞘氨醇杆菌属）、*Azovibrio*（固氮弧菌属）与 SOM 呈负相关，与 pH、AP、TP 呈正相关。

图 6.9 分别对 IP0R、SP0R、IPR、SPR 组的样品与其环境因子数据进行

PERMANOVA关联分析。可以直观看出，各种环境因子与各组间微生物的相互关系：IPR组与IP0R组的大部分菌属可能与AP、pH、TP三种因子呈正相关趋势，而SP0R组的物种可能与AP、pH、TP三种因子呈负相关趋势。

IPR组中的*Nocardioides*（类诺卡氏菌属）、*Solirubrobacter*、*Microbacterium*（微杆菌属）、*Niastella*、*Pseudarthrobacter*、*Gaiella*、*Gemmatimonas*（芽单胞菌属）、*Mycobacterium*（分支杆菌属）、*Chthoniobacter*、*Roseiflexus*（玫瑰弯菌属）和IP0R组中的*Mesorhizobium*（中慢生根瘤菌属）、*Agromyces*（壤霉菌属）、*Sphingomonas*（鞘氨醇单胞菌）、*Bradyrhizobium*（慢生根瘤菌属）、*Gemmata*（出芽菌属）、*Fusobacterium*（梭菌属）均与AP、pH、TP三种因子呈正相关趋势；而SP0R组中的*Dechloromonas*、*Azovibrio*（固氮弧菌属）、*H16*、*Azospira*（固氮螺菌属）、*Anaeromyxobacter*（厌氧粘细菌）、*Ferruginibacter*、*Flavobacterium*（黄杆菌属）、*Lysobacter*（溶杆菌）、*Geobacter*（地杆菌属）均与AP、pH、TP三种因子呈负相关趋势。

6.4 讨论

6.4.1 种植模式及施磷水平对作物秸秆和籽粒产量的影响

玉米大豆套作是一种传统的种植模式，通过利用时间和空间的差异来充分利用环境资源，从而获得比单作模式更高的产量和经济效益。氮、磷、钾是大豆产量形成需要的元素，大豆可以通过根瘤菌固氮，适量施用化肥可以增产。前人研究表明，磷是植物生长发育所必需的元素，磷可以促进大豆根瘤菌的形成，促进大豆对氮素的吸收，还可以促进大豆叶片的光合作用，为大豆生长发育提供能量，促进大豆的生长；在缺磷的情况下，大豆固氮能力变弱，使大豆无法正常生长，导致大豆产量低。研究表明，施肥量的增加会提高大豆的产量。在本实验中，相同施磷水平下，套作玉米和单作玉米秸秆产量无显著差异。同一种植模式下，施磷显著提高了玉米秸秆产量，在2018和2019年间，单作模式分别提高了7.90%、12.4%；套作模式分别提高了25.3%、12.4%。大豆秸秆产量受种植模式及施磷水平的影响与玉米不同。相同种植模式下，大豆施磷处理和不施磷处理下的秸秆产量无显著差异。同一施磷水平下，单作大豆产量显著高于套作大豆。不施磷条件下，2018年和2019年单作大豆秸秆产量比套作模式提高了69.1%、105.2%；施磷条件下，2018年和2019年单作大豆秸秆产量比套作模式提高了94.0%、90.0%。

同一施磷水平下，套作玉米和单作玉米籽粒产量无显著差异。相同种植模式下，施磷对玉米籽粒产量的影响在2018和2019年间表现不同。2018年，施磷对玉米籽粒产量影响不显著，而2019年施磷显著提高了玉米籽粒产量，单作模式下提高了16.5%，套作模式下提高了7.6%。对于大豆来说，除2019年单作模式下施磷提高了大豆籽粒产量外，2019年的套作模式及2018年的两种种植模式下，施磷对大豆籽粒产量无显著影响。同一施磷水平下，单作大豆籽粒产量显著高于套作大豆。不施磷条件下，2018年和2019年单作模式比套作模式下籽粒产量分别提高了103%、99.7%；施磷条件下，2018年和2019年单作模式比套作模式下籽粒产量分别提高了96.8%、104%。由此可见，种植模式对大豆籽粒产量影响较大，随种植年限的延长，施磷水平对玉米籽粒产量有一定的影响。这施磷水平对玉米产量有影响，种植模式对其无影响。种植模式对大豆籽粒产量影响较大，随种植年限的延长，施磷水平对玉米籽粒产量有一定的影响。这可能是因为在大豆单作和套作模式中，大豆通过根瘤菌固氮，从而促进了大豆的生长发育，保证了大豆的产量。

Manna等通过对大豆—小麦轮作系统进行研究发现，将有机肥和化肥或氮磷钾化肥合理有效使用均可以增加大豆—小麦轮作体系的产量。在本实验中，从*LER*值可以看出套作系统秸秆产量与单作系统相比具有产量优势，两年内变动不大，不施磷水平间的*LER*值差距不大。由此可见，施磷水平对玉米秸秆产量影响较大，种植模式在短期内未表现出对玉米秸秆产量的影响；种植模式对大豆秸秆产量影响较大，两年内施磷未表现出对大豆秸秆产量的影响。与前人研究得出的结论一致，说明间套作的种植模式可增加作物的秸秆和籽粒产量，这可能是因为在套作模式中，单位面积内作物之间的相互竞争与互惠作用增加了作物的群体产量。在相同的种植模式下，施用磷肥也增加了作物的产量，前期研究表明玉米大豆套作系统施用磷肥比不施用磷肥增加了作物的干物质积累量和产量，但最佳施磷量为正常施磷量减半。这可能是因为减量施磷促进了作物之间的竞争关系，同时减量施磷满足了作物生长所需的磷，且土壤中的微生物可能对作物的生长发育及产量起到一定的作用。

6.4.2 种植模式及施磷水平对土壤全磷、速效磷的影响

磷素作为一种植物必需的营养元素和限制作物生长发育的元素，是在植物体中最早发现的元素之一。土壤中的磷包括无机磷、有机磷、生物态磷。磷在土壤中的当季利用率很低，易于植物吸收的磷为可溶性磷，土壤中磷的有效性指的就是这一部分水溶性磷。由于水溶性磷可直接被作物吸收利用，土壤有效磷表示了土壤的供磷能力。成土母质和施加磷肥都可增加土壤中的全磷，土壤全磷的多少代表了土壤的磷库大小及土壤潜在的供磷能力。长期施肥会改变土壤中磷的成分和含量，从而改变土壤中各种磷的成分和形态。

前人的研究结果表明，在大多数热带地区的酸性土壤上施用磷矿粉能取得与水溶性磷肥相当的效果。通过对不同的施肥方式进行研究发现，施用有机肥或无机肥都有利于增加土壤中的磷素，且施用有机肥比无机肥增加更多。有机肥可提高土壤磷素利用效率，作用机理有以下两点：第一，有机肥可促进土壤磷素解吸；第二，有机肥可通过生物和化学反应增加土壤中磷素的生物可利用性。同时，有机肥自身磷素的矿化对土壤磷素营养有相当大的贡献。本书研究中，与裸地相比，无论施磷与否，套作大豆行间的非根际土壤 pH 均有显著提高。常年耕作的所有处理土壤与裸地相比，均显著降低了土壤有机质含量，无论施磷与否，套作系统的玉米和大豆行间土壤全磷含量与裸地相比，提高了耕层土壤全磷含量，其中套作系统的玉米和大豆行间不施磷处理的土壤速效磷含量最高，说明在套作模式下可能由于作物之间的相互作用，充分利用了土壤磷库中的磷。前人研究表明，蚕豆和玉米间作时，蚕豆会释放大量的酸性物质，对土壤中的磷素起到了很好的活化作用，使其生物可利用性显著提高，导致蚕豆和玉米的磷素吸收效率大大提高。而玉米的酸性物质释放能力则相对于蚕豆来说更弱。玉米和鹰嘴豆间作时，鹰嘴豆的根系同样会释放大量酸性物质，使土壤中钙磷浓度增加，导致土壤中磷素的生物可利用性大大增加，提高了玉米的磷素吸收效率。在本书研究中，同一施磷水平下，套作模式显著降低了大豆根际土壤全磷含量；同一种植模式下，施磷显著降低了根际土土壤全磷含量。不施磷水平下，种植模式对大豆根际土速效磷无显著影响；施磷水平下，套作模式显著降低了大豆根际土速效磷含量。其中，套作系统下玉米和大豆行间不施磷处理的非根际土土壤速效磷含量最高。这可能是因为植物根际土壤中的微生物种类很多，在套作系统中，由于作物根际土壤的微生物之间的相

互作用，降低了土壤对磷的吸附，提高了土壤磷的有效性，促进了作物对磷的吸收，增加了作物产量，降低了大豆收获期根际速效磷含量。

6.5 种植模式及施磷水平下对大豆根际土微生物多样性的影响

土壤微生物及土壤微生物参与的物质能量转换对农田生态系统的平衡调控意义重大。而土壤微生物的种类和数量又和作物地上地下的交互作用之间有着密切的联系，因此，作物的种植模式对土壤中微生物群落的动态变化有着极其重要的影响。不同的施肥处理会对土壤中微生物的数量和种类有不同的影响，且不同的作物进行间套作，在不同的施肥处理下，土壤微生物的数量也会不同。植物根系作为根际的主要调控者，根构型和数量的改变均可对根际微生物及其分泌功能造成影响。土壤微生物的活性增加原因可能是土壤中作物残体、根系残留物及根系分泌物给土壤微生物提供了营养物质的吸收。间套作能通过不同作物种间的根系构型及生物量差异影响环境因子（土壤的湿度、温度等）对土壤微生物环境产生影响。

研究表明，玉米跟魔芋间作时，魔芋软腐病的发病率显著降低，该现象与根际微生物的作用密切相关。万寿菊跟当归或圆葱间作时可改善土壤微生物生态群落，显著遏制作物发病率，提高作物产量。旱作水稻跟西瓜间作种植时，使西瓜的发病率得到有效控制。轮套作下，作物的根系分泌物、地上部和根系遗留部分增加了土壤养分含量，提高了土壤微生物活性，从而增加了土壤微生物的群落结构多样性。本书通过研究种植模式和施磷水平对土壤中微生物群落结构的影响，发现大豆根际土壤细菌群落结构受种植模式、磷肥施用情况的共同影响。

前人研究发现，施加磷肥在一定程度上能增加大豆土壤细菌、真菌、放线菌的数量。这主要是由于施入的磷肥可促进大豆地上部分的生长，增加了外源碳的输入，以此增加了土壤微生物数量和活性。有研究证明，土壤肥力受施肥措施的影响，土壤肥力会影响微生物群落的丰度和多样性，从而对作物的产量产生影响。在磷肥对棉田土壤的影响研究中发现，施磷可提高根际土壤酶活性及有效磷含量。但也有研究结果与之相反，如 Hofmann 等研究结果表明，磷肥的施加反而对土壤酶的活性产生了抑制效果，缺磷土壤中土壤酶的活性比富磷土壤中土壤酶的活性更强。本书研究结果显示，不施磷条件下，单作模式下大豆非根际土细菌微生物多样性显著高于根际土，套作模式下根际土和非根际土微生物多样性差异不大。非根际土因减少了根系分泌物调控的影响，有利于微生物多样化，套作系统因作物种间年际轮茬及当季不同作物根系交互作用相比单作系统而言，有利于提高微生物多样性。

6.6　本章小结

（1）本书研究试验条件下，种植模式对大豆秸秆生物量影响较大，施磷对大豆籽粒产量无显著影响。大豆生物量和籽粒产量主要受种植模式影响，玉米大豆套作系统下在保证作物产量的前提下，存在减量施磷的潜力。

（2）玉米大豆套作有利于提高作物对土壤磷素的利用。无论施磷与否，套作系统下玉米和大豆行间土壤全磷含量与裸地相比，提高了耕层土壤全磷含量，说明套作系统中作物根系的交互作用有利于土壤磷向耕层富集。套作系统中玉米和大豆行间不施磷处理的土壤速效磷含量最高，说明作物种间根系交互作用有利于提高土壤有效性。

（3）种植模式和施磷水平对大豆根际土壤细菌群落结构影响较大。不同种植模式和施磷水平下，大豆根际土和非根际土的土壤细菌群落结构存在明显差异，每个处理的优势物种也有显著差异。施磷对单作大豆根际细菌多样性影响较大，而套作模式下施磷对大豆根际土细菌微生物多样性影响较小，总体来说单作施磷处理下细菌类微生物多样性最高。种植模式比磷肥施用情况对大豆土壤群落结构带来的差异相对更大。

（4）大豆秸秆生物量、籽粒产量及土壤全磷和速效磷含量均与土壤微生物多样性具有相关性。*Anaeromyxobacter*（厌氧粘细菌属）、*Reyranella*（雷兰氏菌属）、*Pseudarthrobacter*（假圆弧杆菌属）、*Pedomicrobium*（土微菌属）、*Bacillus*（芽孢杆菌属）、*Variibacter*（变异杆菌属）、*Skermanella*（斯克尔曼氏菌属）、*Gaiella*（盖埃拉菌属）与土壤全磷和速效磷呈负相关。*Ferruginibacter*（铁根杆菌属）、*AKYG587*、*Chitinophaga*（鞘氨醇杆菌属）、*Azovibrio*（固氮弧菌属）与土壤全磷和速效磷呈正相关。

第7章　玉米—大豆复合种植模式下大豆根际溶磷细菌的筛选及促生能力研究

研究表明，在适宜条件下，施用解磷菌（PSB）可使磷肥用量减少50%，并能维持作物生长。PSB可以合成低分子量的有机酸，如葡萄糖酸和柠檬酸，这些有机酸具有羟基和羧基以螯合与磷酸盐结合的阳离子，从而将不溶性无机磷转化为可溶形式。此外，这些物种合成不同的磷酸酶来催化磷酸盐的水解并促进释放的营养物质的矿化。间作模式是我国一种历史悠久的传统农业种植模式，可促进多种作物的生长，在提高粮食产量的同时也可有效缓解农民收入偏低的问题和农业的肥料利用效率及负面环境后果。大量研究表明，由于作物种间作互补互利，禾本科作物与豆科作物间作可提高养分资源的利用率，影响根际土壤的生物学特性。在磷营养方面，豆科作物能促进邻近禾本科作物对磷的吸收，改变根际土壤中各种形态的磷含量，提高磷的综合利用率。玉米大豆间作模式是我国西南地区的主要种植模式。玉米—大豆条带间作提高了土壤中磷的有效性和酸性磷酸酶的活性，从而提高了土壤肥力和一些作物的产量。以往研究表明，玉米—大豆间作系统的磷肥利用率达84.6%，比单作玉米高20.4%。由此推测，在玉米—大豆间作系统中施用磷肥的农艺性状的改善可能是由于大豆根际存在有效的磷平衡。这些微生物能释放不同类型的有机酸和酶，促进土壤中不溶性磷的溶解。本书研究对西南地区玉米—大豆间作模式下大豆根际土壤中的PSB进行了筛选鉴定，测定了PSB的溶磷能力、生理生化特性、吲哚乙酸分泌和产铁活性。我们还试图进一步了解PSB在该系统中促进植物生长的机制。研究结果对减少化学磷肥的施用，促进农业生产的环境可持续发展具有重要的科学意义和实用价值。

7.1　材料与方法

7.1.1　大豆根际土壤样品采集

本书研究以雅安、仁寿、崇州3个试验点为材料，研究了玉米—大豆间作模式下大豆营养生长期根际土壤的变化。对于每一个样品，都仔细地分离出生长旺盛的大豆的根。将松散黏结在根上的大块土壤抖落并丢弃，并在装满100 mL无菌水的锥形烧瓶中适度搅拌与大豆根紧密黏附的土壤。取根，用混浊液直接分离PSB。所有实验均使用3份平行样品进行测定与分析。

7.1.2　培养基配方

Pikovskaya琼脂（PVK）培养基：葡萄糖（10 g）、$Ca_3(PO_4)_2$（5 g）、$(NH_4)_2SO_4$（0.5 g）、NaCl（0.2 g）、KCl（0.2 g）、$MgSO_4 \cdot 7H_2O$（0.1 g）、酵母提取物（0.5 g）、$MnSO_4$（0.002 g）、$FeSO_4$（0.002 g）、琼脂（18～20 g）、蒸馏水（1000 mL），pH 7.0～7.2。

NBRIP液体培养基：葡萄糖（10 g）、$Ca_3(PO_4)_2$（5 g）、$MgCl_2 \cdot 6H_2O$（5 g）、$MgSO_4 \cdot 7H_2O$（0.25 g）、KCl（0.2 g）、$(NH_4)_2SO_4$（0.1 g）、蒸馏水（1000 mL），pH 7.0。

刚果红液体培养基：甘露醇（10 g）、$K_2HPO_4 \cdot 3H_2O$（0.5 g）、$MgSO_4 \cdot 7H_2O$（0.2 g）、NaCl（0.1 g）、酵母提取物（1 g）、NH_4NO_3（1 g）、L－色氨酸（0.1 g）、0.25%刚果红（10 mL）、蒸馏水（1000 mL），pH 7.0。

LB液体培养基：酵母提取物（5 g）、氯化钠（10 g）、胰蛋白胨（10 g）、蒸馏水（1000 mL），pH 7.0。

MSA液体培养基：蔗糖（20 g）、L—天冬酰胺（2 g）、K_2HPO_4（1 g）、$MgSO_4 \cdot 7H_2O$（0.5 g）、蒸馏水（1000 mL），pH 7.0。

7.1.3　解磷菌的分离

每个土壤样品提取物都采用独立连续稀释法来分离培养解磷菌株。将每个浓度的稀释液样品涂布在 PVK 培养基上，并在 28℃下培养 3～5 天。根据磷酸盐溶解区的发育情况，即“溶磷圈”选择菌落。分离具有磷酸盐溶解区中的不同形态的单个菌落，并在单独的 PVK 培养基上划线纯化（2～3 次）。纯化后，立即将每个分离物储存在－80℃下，在培养基中加入 20%（*V*/*V*）丙三醇。

7.1.4 菌株溶磷能力测定

将初步筛选分离的菌株接种在 PVK 培养基上。在 28℃恒温恒湿培养箱中倒置培养 3～5 天。为了定量测定溶磷活性，计算了溶磷圈直径（*D*）和菌落直径（*d*）及二者的比值（*D*/*d*）。将上述分离出的 *D*/*d* 比值较大的菌株以 1%的接种密度接种在 NBRIP 液体培养基中，定量测定其溶磷能力。悬浮液在 28℃下转速为 180 r/min 的摇床上培养 5 天，然后在 4℃下以 8000 r/min 的转速离心 10 min。用钼蓝法测定上清液中的水溶性磷含量。以高压灭菌的未接种培养基为对照。

7.1.5 菌株鉴定

将上述分离得到的解磷能力较高的菌株进行 16S rDNA 测序和系统发育分析。采用细菌基因组 DNA 提取试剂盒（三孔生物科技成都有限公司）提取遗传物质。用通用引物 27F（5′－AGA－GTT－TGA－TCC－TGG－CTC－AG－3′）和 1492R（5′－GGT－TAC－CTT－GTT－ACG－ACTT－3′）扩增 16S rDNA 片段。PCR 扩增：50 μL 反应体系，由模板 DNA 2 μL、正向引物 2 μL、反向引物 2 μL，2×TaqPCR 预混酶 25 μL 和 DdH_2O 19 μL 组成。具体操作步骤为：95℃下初始变性 5 min，重复循环以下步骤 30 次（95℃持续 30 s，57℃持续 30 s，72℃进行 1 min 的变性退火和延伸），循环结束后于 72℃下进行 5 min 的最后延伸。用 1%琼脂糖凝胶电泳对 3 个技术复制品的扩增产物进行定量，并送成都优康建兴生物科技有限公司测序。使用 NCBI－BLAST 程序将这些序列与 GenBank 数据库进行比较。利用 MEGA－7.0 软件构建系统发育树，用 DNAstar7.1 软件进行序列分析。将这些序列存入 GenBank 数据库，并获得登录号。

7.1.6　菌株生理生化特征分析

通过过氧化氢酶试验、淀粉水解试验、吲哚试验、甲基红试验、V－P试验、硫化氢试验、尿素试验和明胶液化试验，分析各菌株的生理生化特性。采用革兰氏染色法染色，通过光学显微镜进一步观察细菌细胞的形态。

7.1.7　菌株发酵液有机酸检测

菌株以1%的接种量接种到NBRIP液体培养基中。于28℃下培养4天后，发酵液以8000 r/min的转速在4℃下离心10 min，上清液通过无菌一次性注射器过滤（0.45 μm）。采用高效液相色谱法（HPLC，LC－16，日本岛津）分析上清液中的有机酸组分。

色谱柱为Inertsil ODS－SP－C18（4.6 mm×250 mm，5 μm），柱温为30℃。等容流动相为甲醇与0.04 mol/L KH_2PO_4缓冲甲醇溶液（1∶99，*V*/*V*）的混合物，由1 mol/L磷酸调节pH至2.60。进样量为20 μL，流动速率为0.8 mL/min。用紫外检测法在214 nm波长下测定有机酸含量。每种提取物分析6次。用保留时间和光谱对上清液中的有机酸进行鉴定，并与标定标准相一致。有机酸标准包括草酸、柠檬酸、丙酮酸、苹果酸、酒石酸、乳酸、乙酸、丙二酸、琥珀酸。建立了一个标准的校准曲线，以使每个有机酸能够定量。

7.1.8　吲哚乙酸分析

采用改进的Gordon和Weber法，对解磷菌株（PSBs）产生的吲哚乙酸（IAA）进行测定。将供试菌株接种于含L－色氨酸的LB液体培养基中（添加1 L LB+0.1 g L－色氨酸）。培养悬浮液在振动筛上以180 r/min的转速在28℃下振动2天后，将肉汤以8000 r/min的转速离心10 min。分离上清液并将0.1 mL上清液与0.1 mL Salkowski试剂（4.5 g $FeCl_3$和587.4 mL 98% H_2SO_4溶液）混合并在黑暗中保持15 min。在530 nm波长处测量每个样品的吸光度。根据标准曲线计算单位体积发酵液中IAA的含量。

7.1.9 铁载体分析

将所有供试菌株接种于 MSA 液体培养基中，于 28℃、180 r/min 转速下振荡培养 2 天后，将发酵液在 8000 r/min 下离心 10 min。使用 Shin 等人描述的铬天青磺酸盐（CAS）测定法定量评估分离物产生的铁载体。该溶液由 60.5 mg的 CAS 溶解于 50 mL 去离子水中，并加入 10 mL $FeCl_3 \cdot 6H_2O$ 溶液。然后将 72.9 mg HDTMA（十六烷基三甲基溴化铵）溶于 40 mL 去离子水中，并加入 CAS 溶液至最终体积为 100 mL。将制备的 4 mL CAS 溶液与 4 mL培养的上清充分混合，培养 1 h。在 630 nm 处测量每个样品的吸光度。细菌菌株产生的铁载体以铁载体单位的百分比进行评估：$SUs=[(Ar-As)/Ar]\times 100$，其中 Ar=对照品（CAS 试剂）的吸光度，As=样品的吸光度。

7.1.10 种子发芽率分析

将用灭菌的去离子水洗过的玉米种子浸泡在发酵液中 30 min。发酵液制备步骤为：将分离的细菌菌株在 100 mL 的 LB 培养基中于 28℃下培养 36 h，以 5000 r/min 的转速于 4℃下离心 10 min，用灭菌去离子水调节接种液浓度至 1×10^8 个/mL。种子在盖有一层湿润滤纸的培养皿中于 25℃下培养，每天向每个培养皿中添加 2 mL 无菌水。

7.1.11 统计分析

数据用 SPSS 26.0 软件进行统计分析。方差分析（ANOVA）前先进行方差齐性检验和正态分布检验，然后进行 LSD（L）和 Waller－Duncan（W）事后检验，以确定处理平均数之间的显著性差异，显著性水平为 0.05。

7.2　结果与分析

7.2.1　解磷菌的分离与解磷能力评估

根据 PVK 琼脂培养基中表现出的清除区域，发现其中的菌株具有溶磷能力，初步筛选出 44 株潜在候选菌株。其中，从雅安土样中分离出 14 株，崇州土样中分离出 14 株，仁寿土样中分离出 16 株。根据对溶磷圈直径（表 7.1）和有效磷含量（图 7.1）的测定分析，共筛选出 9 株具有较强增溶能力的菌株做进一步研究。结果表明，9 株菌株均能大量增溶 $Ca_3(PO_4)_2$。溶磷圈直径与 Y5、C8、C9 和 C10 的菌落直径（溶解度指数）的比值明显高于其他菌株。菌株 Y7、Y9、R7 和 C9 的上清液中可溶性 P 含量较高，分别为 380.96 $\mu g \cdot mL^{-1}$，388.62 $\mu g \cdot mL^{-1}$，374.48 $\mu g \cdot mL^{-1}$和 381.30 $\mu g \cdot mL^{-1}$。

表 7.1 PSBs 菌落直径、溶磷圈直径及溶解度系数

菌株	菌落直径（*d*，mm）	溶磷圈直径（*D*，mm）	溶解度系数（*D*/*d*）
Y5	2.50±0.31d	10.81±0.64c	4.38±0.66a
Y7	3.14±0.34c	9.69±1.06d	3.10±0.33f
Y9	3.05±0.36c	10.27±0.51cd	3.39±0.33df
R1	3.72±0.21ab	13.15±0.69ab	3.54±0.21cdf
R7	4.11±0.13a	13.65±0.67a	3.33±0.17f
R9	3.47±0.49bc	13.11±0.53ab	3.83±0.41bcd
C8	3.45±0.25bc	13.67±0.55a	3.97±0.19abc
C9	3.11±0.16c	13.24±0.66ab	4.27±0.22ab
C10	3.27±0.26c	12.83±0.53ab	3.95±0.31abc

注：Y5、Y7 和 Y9 是从雅安土壤样品中分离得到的；R1、R7 和 R9 是从仁寿土样中分离得到的；C8、C9 和 C10 是从崇州土壤样品中分离得到的。数据为三次重复的平均值，同一列数据后不同小写字母表示差异显著（$P<0.05$）。

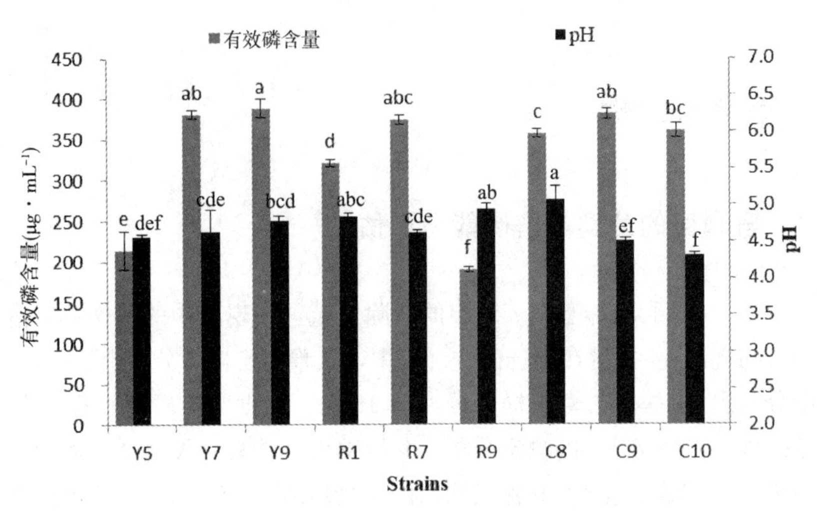

图 7.1　NBRIP 液体培养基培养 5 天后菌株上清液中有效磷含量和 pH 值

注：误差线代表三次重复的标准偏差。对于相同的序列数据，不同字母标记的平均值表明在 $P<0.05$ 水平差异显著。

7.2.2　解磷菌的形态特征

解磷菌菌落的形态特征见表 7.2。各菌株的形态和颜色相似，只有细胞形态不同。采用革兰氏染色法，通过光学显微镜进一步观察细菌细胞的形态。

表 7.2　解磷菌菌落的形态特征

菌株	菌落形状	表面光滑度	是否凸起	透明度	边缘结构	颜色	细胞形状	革兰氏染色
Y5	接近球状	光滑而黏稠	是	不透明	不整齐	奶白色	椭圆	G^-
Y7	接近球状	光滑而黏稠	是	不透明	不整齐	奶白色	长杆	G^-
Y9	球状	光滑而黏稠	是	不透明	整齐	奶白色	长杆	G^-
R1	球状	光滑而黏稠	是	不透明	不整齐	奶白色	椭圆	G^+
R7	球状	光滑而黏稠	是	不透明	整齐	奶白色	短杆	G^-
R9	球状	光滑而黏稠	是	不透明	整齐	奶白色	短杆	G^-
C8	球状	光滑而黏稠	是	不透明	不整齐	奶白色	长杆	G^-
C9	球状	光滑而黏稠	是	不透明	不整齐	奶白色	椭圆	G^-
C10	接近球状	光滑而黏稠	是	不透明	不整齐	奶白色	短杆	G^-

7.2.3　解磷菌的分子鉴定

图7.2为根据10株溶磷细菌的16S rDNA序列建立的解磷菌系统发育树。

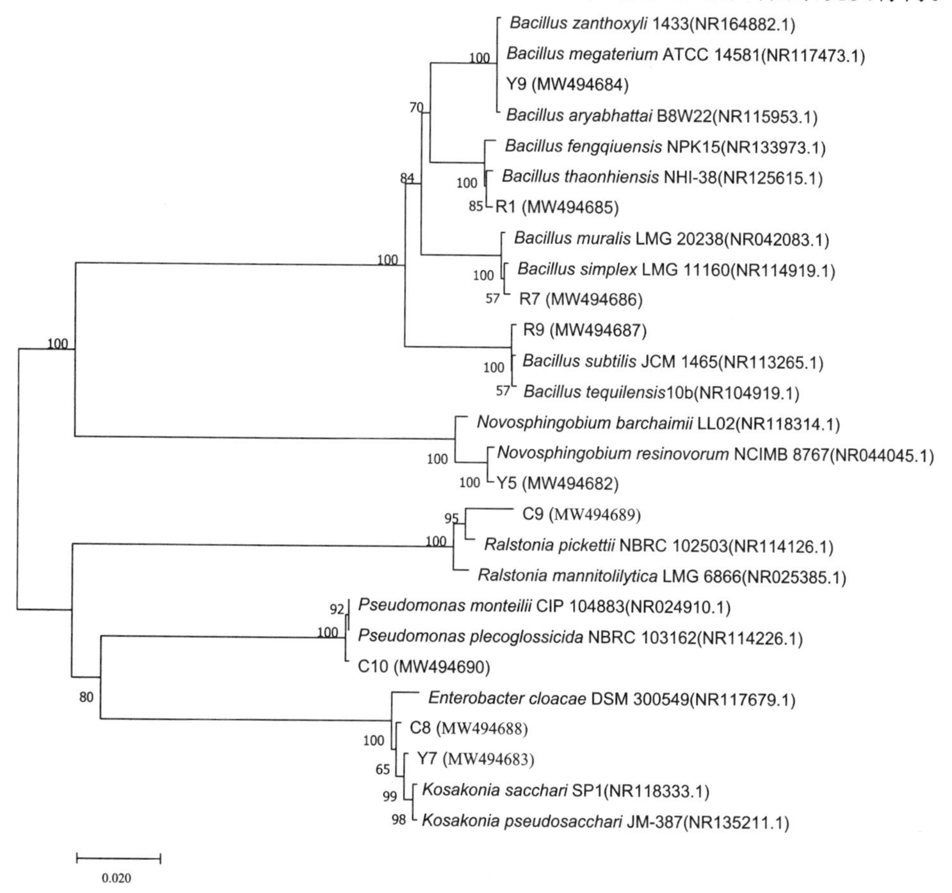

图7.2　根据10株溶磷细菌的16S rDNA序列建立的解磷菌系统发育树

根据16S rDNA序列进行鉴定，菌株Y5经鉴定为*Novosphingobium resinovorum* NCIMB 8767（NR044045.1），菌株Y7经鉴定为*Kosakonia sacchari* SP1（NR118333.1），菌株Y9经鉴定为*Bacillus aryabhattai* B8W22（NR115953.1），菌株R1经鉴定为*Bacillus thaonhiensis* NHI—38（NR125615.1），菌株R7经鉴定为*Bacillus simplex* LMG 11160（NR114919.1），菌株R9经鉴定为*Bacillus subtilis* JCM 1465（NR113265.1），菌株C8经鉴定为*Enterobacter cloacae* DSM 300549（NR117679.1），菌株C9经鉴定为*Ralstonia pickettii* NBRC 102503（NR114126.1），

菌株C10经鉴定为 *Pseudomonas plecoglossicida* NBRC 103162（NR114226.1）。所获得的核苷酸序列分别以保藏号 MW494682、MW494683、MW494684、MW494685、MW494686、MW494687、MW494688、MW494689 和 MW494690 提交给 NCBI 基因库。

7.2.4 解磷菌的生理生化特征

各菌株的生理生化特性见表 7.3。结果表明，部分细菌分泌过氧化氢酶、水解酶、色氨酸酶、脲酶和蛋白酶等胞外酶。这些酶在体外代谢物质以满足菌株的代谢需要。所有菌株的甲基红试验和 V－P 试验均为阳性，说明葡萄糖用于产生有机酸，包括甲酸、乙酸、乳酸和丙酮酸。

表 7.3 菌株的生理生化特征

菌株	过氧化氢酶试验	淀粉水解试验	吲哚试验	甲基红试验	V－P试验	硫化氢试验	尿素试验	明胶液化试验
Y5	＋	－	＋	＋	＋	＋	－	－
Y7	＋	－	＋	＋	＋	＋	＋	－
Y9	＋	＋	＋	＋	＋	＋	＋	－
R1	＋	－	＋	＋	＋	＋	－	－
R7	＋	＋	＋	＋	＋	＋	＋	－
R9	＋	＋	＋	＋	＋	＋	－	－
C8	＋	－	＋	＋	＋	＋	＋	－
C9	－	－	＋	＋	＋	＋	＋	－
C10	＋	－	＋	＋	＋	＋	＋	－

注：“＋”表示阳性反应，“－”表示阴性反应。过氧化氢酶试验、淀粉水解试验、吲哚试验、尿素试验、明胶液化试验“＋”：表明菌株能分泌过氧化氢酶、水解酶、色氨酸酶、脲酶和蛋白酶。甲基红试验“＋”：表明细菌能代谢糖产生有机酸，如甲酸、乙酸、乳酸等。V－P 试验“＋”：表明细菌可以利用葡萄糖产生非酸性或中性终产物，如丙酮酸。硫化氢试验“＋”：表明该菌株能分解胱氨酸、半胱氨酸、蛋氨酸等含硫有机物。

7.2.5 解磷菌产生的有机酸

高效液相色谱结果表明，9 株菌的上清液中没有可测量的乳酸吸收峰（图

7.3)。9种有机酸线性回归方程见表7.4，显示了9种有机酸分析的保留时间和线性回归方程。高效液相色谱法测定解磷菌菌株分泌的有机酸见表7.5。结果表明，各菌株主要分泌草酸、丙二酸、醋酸、柠檬酸和琥珀酸，且各菌株上清液中以丙二酸的含量最高。菌株R7分泌的丙二酸含量高达10470.92 mg·L^{-1}。在连续摇动培养4天后，所有菌株的NBRIP液体培养基的pH均显著降低，从7降至4～5。

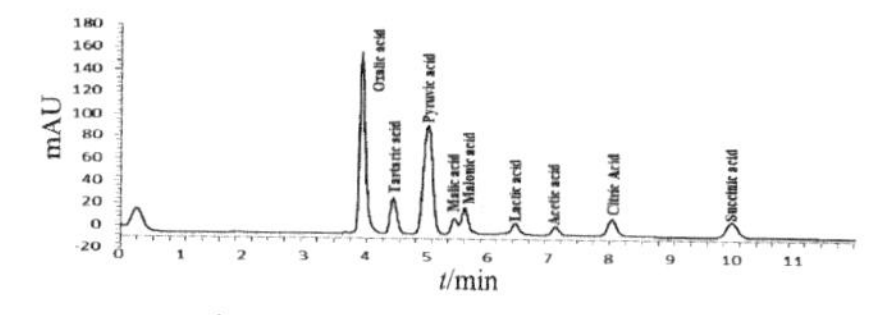

(a) 有机酸标准品的高效液相色谱图

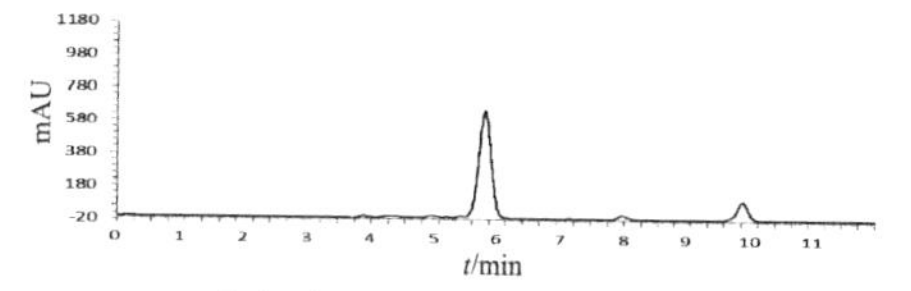

(b) Y5菌株产有机酸的高效液相色谱分析

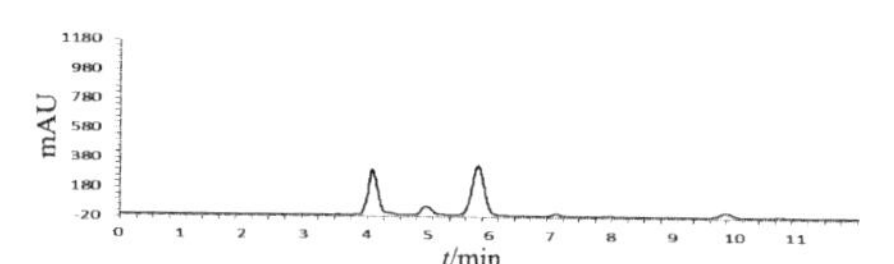

(c) Y7菌株产有机酸的高效液相色谱分析

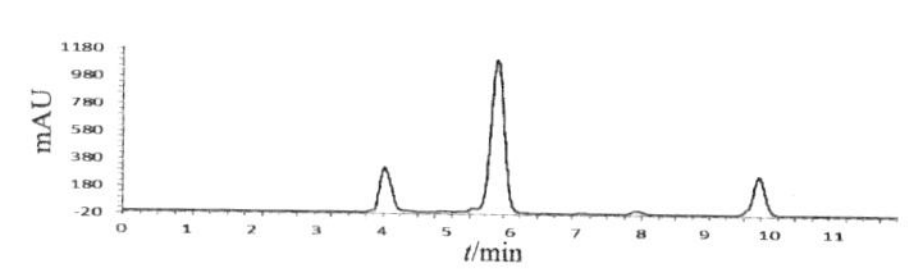

(d) Y9菌株产有机酸的高效液相色谱分析

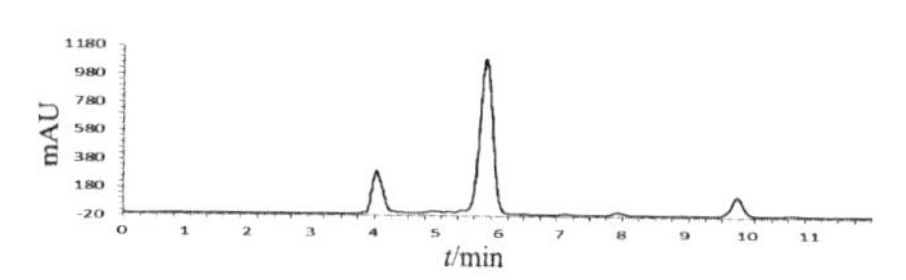

(e) R1菌株产有机酸的高效液相色谱分析

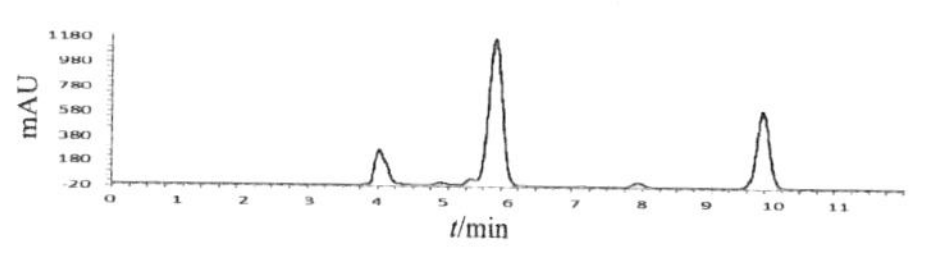

(f) R7菌株产有机酸的高效液相色谱分析

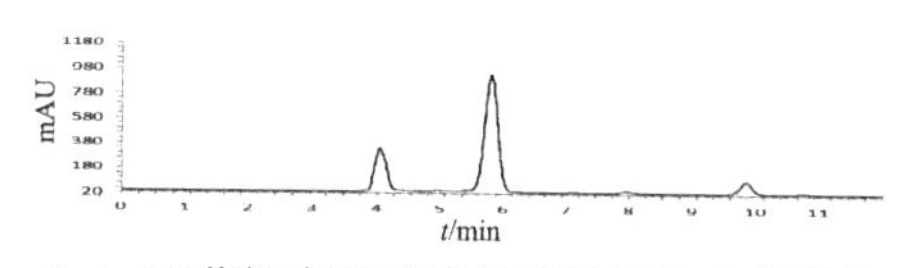

(g) R9菌株产有机酸的高效液相色谱分析

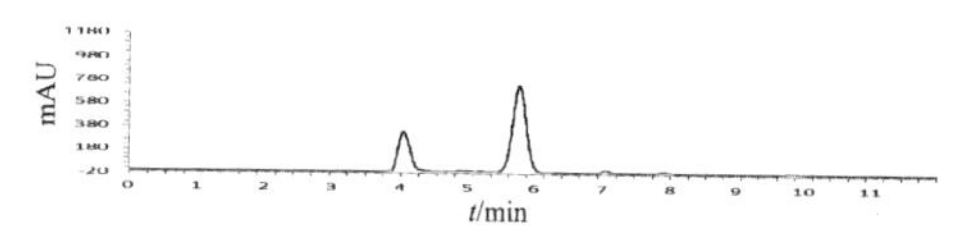

(h) 菌株C8产有机酸的高效液相色谱分析

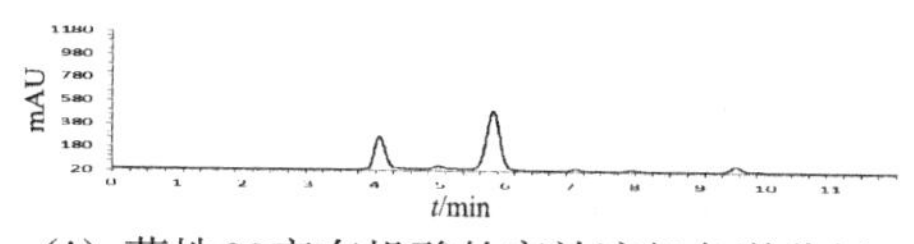

(i) 菌株C9产有机酸的高效液相色谱分析

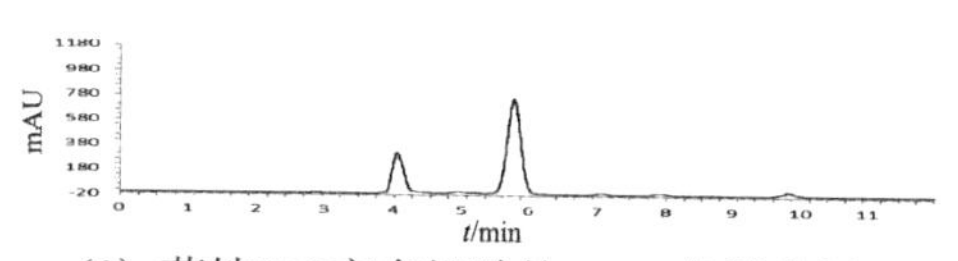

(j) 菌株C10产有机酸的HPLC色谱分析

图7.3　各类菌株产有机酸的高效液相色谱分析

表7.4　9种有机酸线性回归方程

有机酸标准品	保留时间（min）	线性回归方程	R^2
草酸	3.904	$f(x)=10337.5x+27513.1$	0.9992
酒石酸	4.432	$f(x)=2432.71x+8571.57$	0.9994
丙酮酸	5.010	$f(x)=10124.0x+8613.83$	0.9997

续表

有机酸标准品	保留时间（min）	线性回归方程	R^2
苹果酸	5.452	$f(x)=1031.14x+597.744$	0.9997
丙二酸	5.621	$f(x)=1791.34x+1145.98$	0.9994
乳酸	6.476	$f(x)=10400.2x+31161.6$	0.9997
醋酸	7.144	$f(x)=689.846x+1766.03$	0.9995
柠檬酸	8.071	$f(x)=1558.88x-1472.10$	0.9998
琥珀酸	10.052	$f(x)=1741.11x-1398.38$	0.9998

注："x"表示峰面积。

表 7.5 高效液相色谱法测定解磷菌菌株分泌的有机酸

菌株	草酸	酒石酸	丙酮酸	苹果酸	丙二酸	醋酸	柠檬酸	琥珀酸	pH
	(mg·L^{-1})								
Y5	12.2±0.25i	105±1.94	28.8±1.36c	121±2.61d	5249±12.66g	64.1±0.42e	181±1.08c	843±2.05d	4.57
Y7	353±0.96g	0	86.8±1.39a	52.7±1.43e	3164±8.98i	224±1.92b	36.3±1.38h	248±2.09f	4.44
Y9	452±1.69b	0	45.6±1.22b	220±4.46c	9875±9.79c	104±0.76d	157±8.62d	949±4.55c	4.08
R1	425±1.03d	0	18.8±0.52e	293±2.09b	10045±6.13b	55.6±0.88g	200±2.46b	2081±12.22b	4.03
R7	384±2.37f	0	15.0±0.45f	517±4.17a	10471±17.38a	47.6±1.34h	250±0.69a	4646±14.00a	4.02
R9	475±1.78a	0	24.0±0.56d	18.0±0.35f	8405±44.40d	61.9±3.14fg	140±1.86e	731±5.13e	4.09
C8	443±0.97c	0	29.5±0.83c	0	6759±12.55f	288±3.05a	113±1.42f	59.4±1.89g	4.15
C9	345±1.49h	0	46.9±1.05b	0	4738±10.58h	218±2.36b	67.6±2.78g	23.8±0.44h	4.30
C10	403±1.56e	0	30.6±0.92c	0	6792±19.36e	184±1.69c	119±2.21f	229±2.10f	4.15

注：数据为 6 次重复的平均值，同一列数据后不同小写字母表示有显著性差异（$P<0.05$）。在 NBRIP 液体培养基中培养 4 天后测定 pH 值。

7.2.6 解磷菌分泌吲哚乙酸（生长素）的能力

对这些菌株进行了生产生长素（IAA）能力的检测。图 7.4 为菌株 IAA 分泌量，表明所有菌株均可分泌 IAA。菌株 Y9 分泌 IAA 最多，释放量为

26.17 μg·mL^{-1}。菌株 Y5、Y7、R7 和 C8 分泌少量 IAA，其值变动范围在 5～10 μg·mL^{-1}。

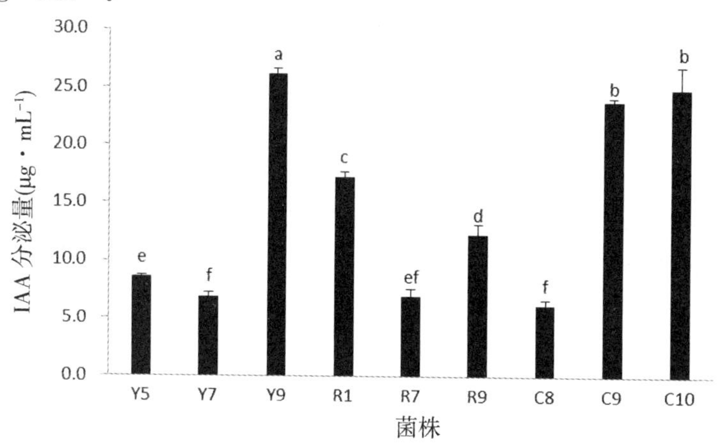

图 7.4 菌株 IAA 分泌量

注：误差线代表三次重复的标准偏差，不同字母标记的平均值在 $P<0.05$ 水平差异显著。

7.2.7 解磷菌产生铁载体的能力

用铬天青 S（CAS）法测定了各试验菌株产生铁载体的能力（图 7.5）。各菌株合成铁载体的能力有明显差异。所有菌株均能合成铁载体，其中 C8 菌株的产铁载体的活性最高，为 64.5 个单位，R9 菌株的产铁载体的活性最低，为 11.3 个单位。

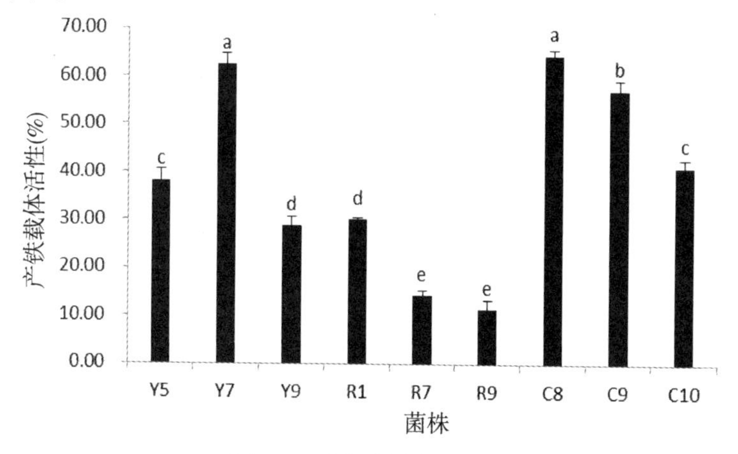

图 7.5 菌株产铁载体活性

注：误差线代表三次重复的标准偏差，不同字母标记的平均值在 $P<0.05$ 水平差异显著。

7.2.8 种子发芽率分析

玉米种子在光照培养箱中培养 4 天后，测定其发芽率和生根数。图 7.6 为接种不同菌株的玉米种子发芽率和生根数，表明菌株的存在有效提高了种子的发芽率。菌株 Y9、R1、R9、C9 和 C10 具有较强的促生长作用。CK 的发芽率为 63.3%，而细菌液处理的试验组发芽率在 70%以上。接种不同菌株后，玉米种子的出苗根数差异不显著。无菌水处理种子的根数为 2.86 根，接种菌株的种子值为 2.67～3.71。

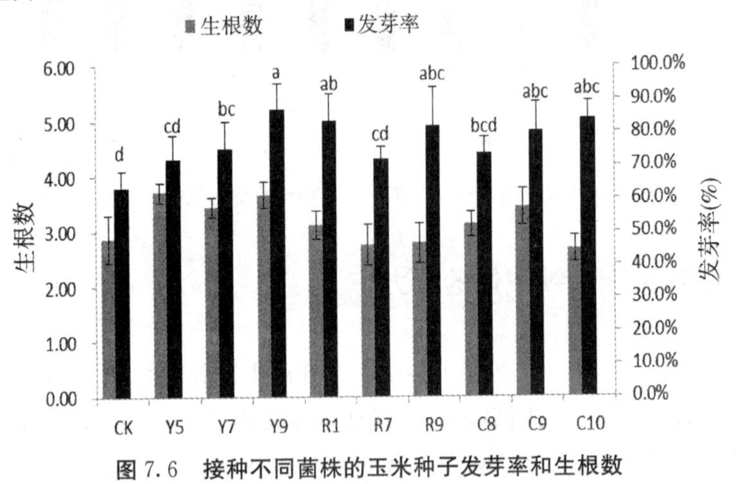

图 7.6 接种不同菌株的玉米种子发芽率和生根数

注：CK 为对照组，用无菌水浸泡种子作为空白对照，生根数为每粒种子的平均根数，发芽率指培养 4 天后发芽的种子占试验初始种子的百分比。误差线代表 5 个重复的标准偏差，每个重复由每个平板 10 粒玉米种子组成。对于相同的序列数据，不同字母标记的平均值在 $P<0.05$ 水平差异显著。

7.3 讨论

土壤微生物是农业生态系统的重要组成部分，在土壤养分循环、农药降解、土壤健康维护及提高作物生产力等方面发挥着重要作用。前人研究表明，可从石灰性土壤、酸性土壤及玉米、水稻、小麦等根际土壤中分离出许多具有溶磷潜力的微生物。土壤中的溶磷微生物由溶磷细菌、溶磷真菌和溶磷放线菌组成。据报道，主要的溶磷菌是芽孢杆菌和假单胞菌。接种解磷菌菌株可提高土壤中难溶性磷的有效性，有效提高作物对养分的吸收率。重要的是，促进土壤中难溶性磷的有效循环，可直接减少磷肥的施用。

研究表明，解磷菌能促进难溶性磷的吸收，促进不同作物的生长。然而，迄今为止的大部分研究都集中在玉米、小麦、水稻和其他禾本科植物上。本研究结果表明，假单胞菌属和芽孢杆菌属的菌株都具有很强的磷溶性。此外，来自大豆根际的新菌株（*Kosakonia*、*Enterobacter*、*Ralstonia*）也表现出很强的活化难溶磷酸盐的能力。

通过对连续单作和间作系统的比较研究表明，间作种植模式可提高生物多样性、土地利用效率和养分利用效率。这种有益的影响可能是作物物种的互补和互利效应导致的。豆科作物通过改变根际土壤中磷的含量，进而提高磷的利用率，促进邻近禾本科作物对磷的吸收。例如，在小麦—鹰嘴豆间作系统中，鹰嘴豆根际分泌酸性磷酸酶，将有机磷水解为土壤中可溶性无机磷，从而促进小麦对磷的吸收。在玉米—豌豆间作系统中，通过植物根系的物理和生化交互作用，土壤磷有效性和有机磷的储存得到了提高。西南地区广泛推广的玉米—大豆带状间套作技术不仅能获得较高的作物产量，还可以提高土壤氮磷利用率和微生物多样性。

Manzoor 从 13 个不同地点采集的土壤样品中分离出解磷菌，在不同的菌株中，最高的磷溶出量为 44 $\mu g \cdot mL^{-1}$。Elhaissoufi 等从几种作物（小麦、大麦、玉米、燕麦、蚕豆、豌豆等）的根际土壤中分离出 42 个解磷菌株，并测定了它们的解磷能力，范围为 40～113 $\mu g \cdot mL^{-1}$。本研究在雅安、仁寿和崇州三个试验基地的玉米—大豆间套作系统中，从大豆根际土壤中分离到 44 个解磷菌株，其中的 9 株菌株具有较好的解磷能力，解磷能力在 190～390 $\mu g \cdot mL^{-1}$。

解磷菌的溶磷能力受土壤温度、盐度、pH 和溶解氧等环境因素的影响。尽管作物根际解磷菌的溶磷机理具有很强的区域性，受土壤质地和种植方式等因素影响较大，但难溶性磷酸盐溶解的主要原因是溶磷细菌释放酸性物质降低了土壤 pH。从印度尼西亚苏拉威西巴达河谷当地的香稻根际分离的解磷菌在 Pikovskaya 液体培养基中培养 7 天后，pH 在 4.27～5.67。在液体改进 PVK 培养基（不含琼脂和指示剂）中培养 3 天后，从黑龙江海伦和江西鹰潭分离的 76 株解磷菌的 pH 大多在 4.37～8.34。在本书研究中，所有菌株在 NBRIP 培养基中培养 5 天后，溶液的 pH 在 4.31～5.06。解磷菌对磷的增溶作用机理与土壤 pH 的降低有关，通过 NH^{4+} 同化释放的质子，降低了 pH，导致磷酸盐溶解。此外，通过呼吸作用释放的CO_2会降低土壤pH，也会引起磷酸盐的溶解。另外，通过代谢活动合成的有机酸可以螯合无机磷键，直接溶解难溶性磷酸盐。

本书研究采用高效液相色谱法（HPLC）测定解磷菌分泌的有机酸含量。9株菌株产生了大量的草酸、柠檬酸、丙酮酸、苹果酸、酒石酸、乙酸、丙二酸和琥珀酸，证实了溶磷机理。这一发现与Wang等测定NBRIP介质中存在草酸、酒石酸和柠檬酸的结果一致。Yadav等和Chawngthu等还报道了解磷菌在培养上清液中产生几种已知有机酸（琥珀酸、草酸、苹果酸、乙酸、酒石酸、葡萄糖酸、甲酸和柠檬酸）及一些未知酸。Sun等认为解磷菌对磷酸盐的增溶可能是由于葡萄糖酸和草酸的分泌，导致pH下降到4.0左右。然而，在本书研究中，丙二酸的分泌量最大，这种酸被认为是降低菌株发酵上清液pH的驱动因素。

此外，解磷菌的多重效益被广泛认为是促进植物生长和提高土壤磷素有效性的关键因素。植物激素对植物的生长发育也起着至关重要的作用。IAA是植物中普遍存在的内源性生长素，主要由植物自身的分生组织产生。研究表明，IAA通过促进根毛生长和根系伸长，以促进作物生长发育和养分的吸收利用。据报道，从多种作物根际分离的微生物中，80%具有合成和释放生长素的能力。大多数具有显著促生长作用的细菌产生的IAA在1.47～32.8 $\mu g \cdot mL^{-1}$。菌株Y9分泌IAA的量高达26.17% $\mu g \cdot mL^{-1}$。

除IAA外，铁也是限制生物代谢和生长的重要因素之一。产生铁载体的内生细菌通过向寄主植物提供有效铁或减少环境中对病原菌的有效铁来降低病原菌的竞争力，从而促进植物的生长发育。铁载体是一种低分子量的物质，能特异性地结合Fe^{3+}，直接向微生物细胞提供营养。铁是微生物生长所必需的元素。在缺铁的环境中，微生物分泌铁载体来螯合铁离子以满足自身的生长需要。本书研究所有分离出的菌株均产生了铁载体，9个解磷菌株的产生铁载体的活性范围为11.29～64.50个单位。他人在小麦上的研究表明，10株细菌（根际土壤和根内）的铁载体生产活性为31.71～53.71个单位，与本书研究结果相似。

根际微生物分泌的IAA对植物种子的萌发和根系生长有明显的促进作用。因此，对利用特定菌株的发酵液处理种子进行了研究。种子萌发试验表明，PSBs的存在促进了玉米种子的生长。本书研究结果表明，菌株Y9、C10和R1处理后，玉米种子的发芽率分别比对照组提高了23.4%、20.7%

和 20.0%。

7.4 结　论

本书研究共鉴定出 9 株溶磷能力较强的菌株。Y9、R1、R7 和 R9 分别属于芽孢杆菌，Y5、Y7、C8、C9 和 C10 分别属于新鞘氨醇菌、水稻科萨克氏菌、肠杆菌、拉尔斯顿菌和假单胞菌。这些菌株能有效利用 $Ca_3(PO_4)_2$，菌株 Y7、Y9 和 C9 活化后的水溶性磷含量分别高达 380.96% $\mu g \cdot mL^{-1}$、388.62 $\mu g \cdot mL^{-1}$和 381.30 $\mu g \cdot mL^{-1}$。这些菌株能够将液体培养基的 pH 降低到 4 左右。高效液相色谱（HPLC）结果表明，各菌株均能分泌大量的有机酸，包括草酸、丙二酸、柠檬酸和琥珀酸。此外，所有菌株都分泌 IAA 并产生铁载体。菌株 Y9 分泌的 IAA 含量高达 26.17$\mu g \cdot mL^{-1}$。菌株 C8 的铁载体活性最高，达 64.5 个单位。种子萌发试验表明，分离出的解磷菌株能显著促进植物生长。与未处理的对照相比，解磷菌处理的种子具有较高的发芽率和生根数。间作模式下大豆根际土壤中的解磷菌不仅具有较强的解磷能力，而且能产生促进植物生长的吲哚乙酸和铁载体。这些物种在减少化学磷肥的使用和促进可持续农业发展方面具有巨大的潜力。

第8章　玉米大豆复合种植系统中菌根细菌和植物—植物相互作用促进玉米磷吸收

土壤微生物是植物根际的重要组成部分，丛枝菌根真菌（AMF）和根际细菌对植物的健康和营养起着积极的作用。AMF是陆地上最常见、分布最广的植物共生体，与约80%的开花植物（包括大量农作物）建立了共生关系。AMF通过提供矿质养分、改善土壤结构和其他生态系统服务来提高作物生产力。已有研究表明，AMF对全磷吸收的贡献率高达80%，矿质磷与AMF接种的协同作用可使磷肥用量降低约20%。AMF具有分泌酸性磷酸酶和有机酸的潜力，然而AMF与溶磷微生物（PSM）和植物根系相比，在多大程度上能直接促进P的有效性还没有很好的证明。AMF的建立和性能通常通过与AMF密切相关的多种细菌的第三组分关联关系来调节。与AMF相关的菌株通常表现出促进植物生长的特性［如磷的溶解、固氮、吲哚乙酸（IAA）的产生］，称为植物生长促进细菌（PGPB）。因此，深入研究AMF与PGPB的协同作用及磷肥的施用可使我们在适度的外源磷投入下，更好地提高粮食产量，减轻磷肥的集约施用效应，降低土壤磷固定的高发率。

8.1　材料与方法

8.1.1　供试土壤、植物与试验设计

本书研究以盆栽试验为研究对象。供试土壤采自四川农业大学现代农业研发基地（崇州）试验田0～20 cm土层，每盆装土5 kg。供试土壤基本理化性质见表8.1。

表8.1 供试土壤基本理化性质

pH	电导率 $(S \cdot m^{-1})$	总有机碳 $(g \cdot kg^{-1})$	全氮 $(g \cdot kg^{-1})$	全磷 $(mg \cdot kg^{-1})$	草酸铵提取态铝 $(g \cdot kg^{-1})$	草酸铵提取态铁 $(g \cdot kg^{-1})$
7.16	4.27	56.3	2.37	188	13.2	5.78

试验设置包括2种种植模式、3个施磷水平、4个微生物接种处理。①单作玉米和玉米—大豆间作2种种植模式。单作玉米，每盆定植两株玉米（登海605）；间作模式，每盆定植一株玉米和一株大豆（南豆12号）。②磷肥施用量，以21.9、66.4和109 mg P每盆的施用量分别对应12、30和60 $kg \cdot P \cdot ha^{-1}$的磷肥施用量，分别为常规推荐磷肥用量（60 $kg \cdot P \cdot ha^{-1}$）的20%、50%和100%。③微生物接种，由不规则噬根菌（*Rhizophagus irregularis*）(AM)、链霉菌（*Streptomyces* sp）和巨大芽孢杆菌（*Bacillus megaterium*）(B)，以及AM+B（AMB）组成；另设不接种对照（Ctrl）。将从河北新世纪周天生物科技有限公司获得的5 g商业不规则噬根菌单独接种于盆栽中，将菌株单独接种于植物或与菌根接种剂联合接种。这些细菌是根据其促进植物生长的特性及其与不规则噬根菌的密切联系而选择的。按照Battini等的描述培养和制备每种细菌菌株的接种物。对于所有菌株，使用Thoma细胞室评估悬浮液的细菌密度，并将其调整至最终浓度10^9个细胞每毫升。种子接种通过在发芽皿处向灭菌玉米种子表面添加1.5 mL 10^9个细胞每毫升进行。出苗10天后，接种等量的细菌悬液，移栽到花盆中。为了保证植物的最佳生长，幼苗接受了两次（移栽后14天和28天）补充营养N（CH_4N_2O）、K（KCl）、Mg和S（$MgSO_4$），以累积提供195 mg N、80 mg K、30 mg Mg和40 mg S。植物每天按重量含水量灌溉到60%的田间持水量，每个处理设置5个生物重复。

8.1.2 植物样和土壤样品采集

移栽75天后，分别测定株高（cm）和茎粗（mm），然后将植株收获，分成地上部植株和地下根系。用烘干称重法评价地上部生物量。通过抖根、风干和筛分（<2 mm）收集非根际土壤，进行有效磷和连续的磷分级形态测定。仔细冲洗根，并做好准备，以评估根系干重和丛枝菌根真菌的定殖情况。

8.1.3 丛枝菌根真菌定殖率

玉米和大豆的细根样品在收获时从所有处理的每个复制品中提取，用水冲洗干净并保存在含有30%乙醇的小瓶中，以便稍后分析AMF定殖的百分比。在立体显微镜下使用网格线方法在10% KOH中清洗根并用台盼蓝在乳酸(0.05%)中染色后评估AMF定植率。AMF定殖的根长百分比（$\%RLC$）是通过测量AMF是否穿过一个十字轴来测量的。观察、计数和记录每张载玻片的50个交叉点。$\%RLC$计算公式如下：

$$\%RLC=\frac{\text{定殖根片数}}{\text{被观察总根片数}}\times 100\% \tag{8-1}$$

8.1.4 接种响应率

通过测定接种响应率（IR）来评价AMF和细菌接种对地上部生物量、籽粒产量和地上部磷吸收的影响，如下（$IR>1$表示接种响应率呈正向关系）：

$$IR_{\text{shoot biomass}}=\frac{\text{接种处理的地上部生物量}}{\text{对照处理的地上部生物量}} \tag{8-2}$$

$$IR_{\text{grain yield}}=\frac{\text{接种处理的籽粒产量}}{\text{对照处理的籽粒产量}} \tag{8-3}$$

$$IR_{\text{shoot Puptake concentration}}=\frac{\text{接种处理的地上部吸磷量}}{\text{对照处理的地上部吸磷量}} \tag{8-4}$$

8.1.5 植物磷吸收和磷利用率

用钼蓝比色法测定植物磷含量。植物组织样品用2.5 ml的65%浓硝酸消化。样品消化和稀释按照Ziegler等描述的方法进行。通过Syers等描述的平衡法对磷肥利用率（PUE）进行评估，来评价微生物接种和间作模式对化学磷肥利用的影响，如下：

$$PUE=\frac{\text{植物吸磷量}}{\text{施用的化学磷量}}\times 100\% \tag{8-5}$$

8.1.6 土壤全磷、有效磷和磷分级

用浓$HClO_4-H_2SO_4$消解土壤样品，用钼蓝比色法测定土壤中总磷（TP）含量，用Olsen法测定土壤有效磷。采用化学分级法对土壤磷进行了分级。具体步骤为：将2 g筛过的土壤（<2 mm）称入50 mL离心管中，然后依次用

40 mL每种萃取剂溶液萃取。按照以下顺序添加萃取剂溶液：1M NH_4Cl、0.5M NH_4F（pH 8.2）、0.5M $NaHCO_3$（pH 8.5）、0.1M NaOH+1M NaCl和1M HCl。在前两次提取中，离心管在100 r/min转速下震荡1 h，在随后的三次提取中震荡18 h。每次提取后，试管以8000 r/min转速离心10 min，过滤收集上清液用 NH_4Cl 提取分析可溶性和松散结合态磷的浓度，NH_4F 萃取Al—P，$NaHCO_3$提取可溶性P，NaOH+NaCl萃取Fe—P，HCl萃取Ca—P。采用钼蓝比色法直接测定各组分上清液中无机磷（Pi）含量。将部分上清液样品用过硫酸铵消化测定各试剂提取溶液中的总磷（TP）。各组分有机磷（Po）计算为TP和Pi之间的差值。

8.1.7 统计分析

所有数据均以平均值±5次重复的标准误差表示。数据分析采用SPSS 20.0进行ANOVA分析。通过Tukey检验进行事后比较，分析实验中各处理间各参数的差异，如果 $P<0.05$，则认为处理间差异显著。

8.2 结果与分析

8.2.1 不同种植模式及施磷水平下丛枝菌根真菌定殖率

菌根促进寄主植物对磷的吸收是植物与菌根共生的主要益处，这一效应已在多种植物中得到广泛评价。限制这种正相互作用的一个主要因素是土壤磷素状况。尽管如此，对于土壤高磷水平是否会对菌根与根系的结合产生不利影响仍存在分歧。例如，Gosling等假设土壤高磷施用对AMF多样性没有负面影响，这已被其他研究证实。然而，我们的研究结果并不支持这一假设，因为在全剂量磷肥施用量（60 $kg \cdot ha^{-1}$）下，间作模式和单作模式玉米植株的定殖率都有所下降。

生理成熟期，接种不规则噬根菌的玉米根系定殖良好，根长定殖率（%*RLC*）受磷肥和种植方式的强烈影响（图8.1）。总的来说，减少施磷量提高了土壤的定殖率，最高值出现在12 $kg \cdot P \cdot ha^{-1}$，随着土壤P浓度从60 $kg \cdot P \cdot ha^{-1}$降低到30 $kg \cdot P \cdot ha^{-1}$和12 $kg \cdot P \cdot ha^{-1}$，定殖率分别提高了 103%和 132%。这些结果表明，植物对磷的获取具有不同的策略，在高磷水平下，介导菌根养分吸收途径的根系和 AMF 共生发育可能受到下调。间作玉米的%*RLC* 显著高于单作玉米，说明间作模式增加了 AMF 丰度和根系定殖。众所周知，植物通过分泌不同的根系分泌物来塑造根际微生物群落，而根系分泌物被认为是微生物增殖和发育的重要物质。

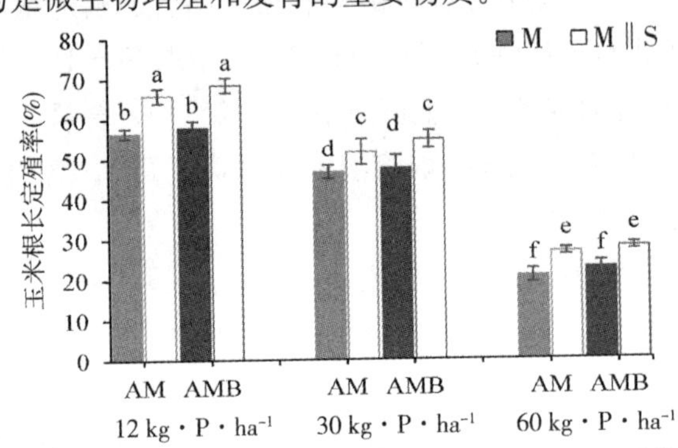

图 8.1 不同种植模式及不同施磷量下单独接种不规则噬根菌（AM）或与两株细菌（AMB）联合接种的玉米根长定殖率

注：不同字母标记的平均值在 $P<0.05$ 水平差异显著。

已有研究表明，AMF 与 PGPB 联合接种对 AMF 定殖有积极影响，AMF 与植物共生是植物营养的重要指标。Bidondo 等观察到，根球拟杆菌（*Paenibacillus rhizosphaerae*）、固氮螺菌（*Azospirillum* sp.）和根瘤菌（*Rhizobium etli*）显著促进了不规则噬根菌（*Rhizophagus irregularis*）的根外孢子菌丝的生长。Battini 等报道了几种链霉菌菌株能刺激土壤中 *R. irregularis* 的菌丝生长。然而，到目前为止，这种影响的机制仍然没有很好的界定。植物促生细菌影响 AMF 共生的普遍共识可以用吲哚乙酸（IAA）和吲哚丁酸（IBA）在细菌刺激 AMF 菌丝伸长中的作用来支持。例如，产生 IAA 的拟杆菌（*Paenibacillus*）菌株促进了根内球囊菌（*Glomus intraradices*）的发育，而外源 IBA 的施用则促进了与三叶橙相关的多孢囊霉属真菌（*Diversispora versiformis*）根外孢子菌丝的生长。本研究结果表明，AMF 和 PGPB 联合接种可改善 AMF 的定殖率，但 AMB 与 AM 处理间对%*RLC* 的影响无统计学意义上的差异显著性。

8.2.2 接种 AMF 对植物生长、产量及产量构成要素的影响

收获时，在减磷 50%（30 kg · P · ha^{-1}）施肥量下，单独接种菌根

（AM）或与两种细菌联合接种（AMB）的玉米植株的株高［图 8.2（a）］和茎粗［图 8.2（b）］与全磷剂量（60 kg·P·ha^{-1}）下接种或不接种微生物的玉米植株在统计学上相似。这表明接种 AMF 对促进植物生长起到了重要作用，尤其是在施磷量较低但菌根定殖率较高的情况下，可改善植物对养分的获取。最重要的是，在 30 kg·P·ha^{-1}施磷量下，间作模式下玉米的株高显著高于单作玉米，说明减量施磷条件下玉米与大豆间作有利于玉米的生长。

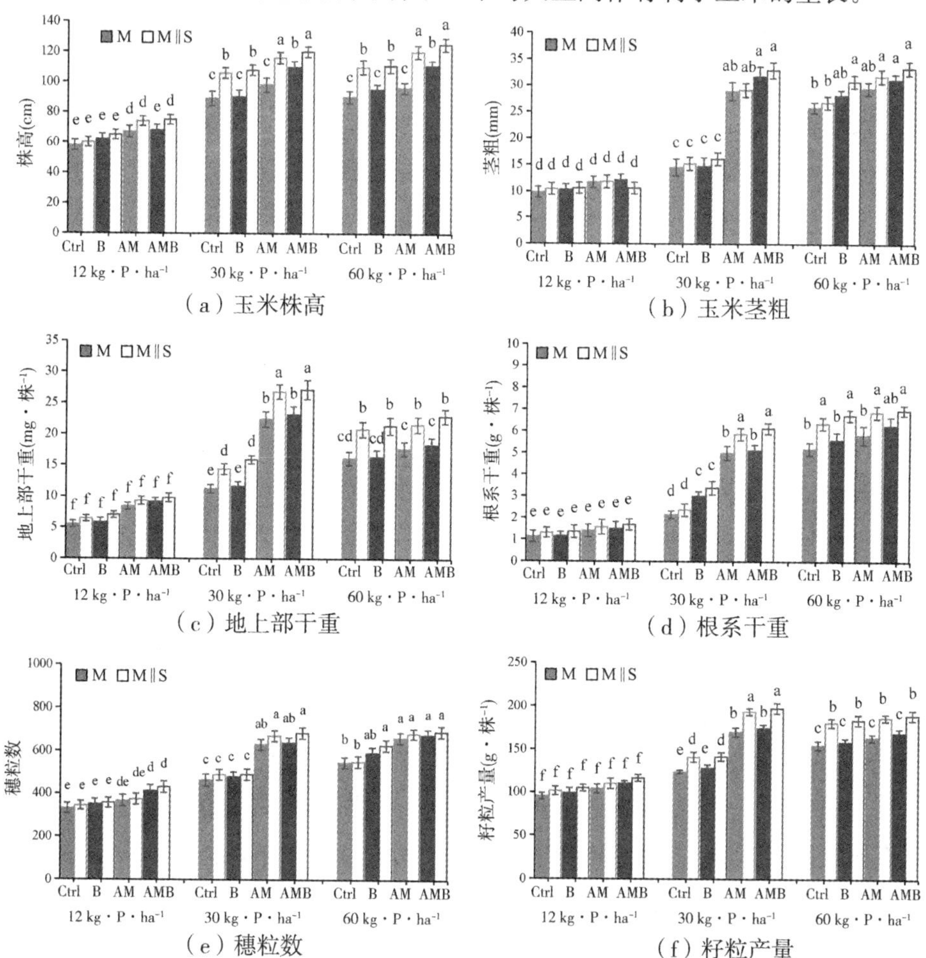

（a）玉米株高　（b）玉米茎粗

（c）地上部干重　（d）根系干重

（e）穗粒数　（f）籽粒产量

图 8.2　不同种植模式及施磷水平下接种菌根真菌和关联细菌对玉米生长的影响

注：Ctrl 为未接种对照；B 为单独接种两种细菌菌株；AM 为单独接种不规则嗜根菌；AMB 为联合接种不规则嗜根菌和细菌菌株，不同字母标记的平均值在 $P<0.05$ 水平差异显著。

与单作模式相比，在 30 和 60 kg·P·ha^{-1}施用量下，间作模式显著增加了地上部干重，且间作玉米在 30 kg·P·ha^{-1}施磷量下单独接种不规则噬根菌（AM）或与两种细菌（AMB）联合接种获得了最高的地上部生物量[图 8.2（c）]。30 kg·P·ha^{-1}下 AM 和 AMB 处理的间作玉米地上部干重分别比 60 kg·P·ha^{-1}下 AM 和 AMB 处理高 25.3%和 21.9%。研究表明，菌根真菌和细菌有增加植物生长激素（生长素、细胞分裂素等）的趋势，进而促进植物生长。

根相关微生物在植物的生产性能和生产力中起着关键作用，Banerjee 等研究表明，农业集约化降低了根微生物群落中的网络复杂性和关键类群的丰富性。本书研究中，30 kg·P·ha^{-1}施磷量下接种菌根（AM 和 AMB）的间作玉米的根系干重是未接种对照（Ctrl）的两倍[图 8.2（d）]。30 kg·P·ha^{-1}施磷量下，单独接种细菌菌株（B）的植株根系干重比对照高出 13.2%，根系干重的提高可能是由于芽孢杆菌刺激产生 IAA 所致。吲哚乙酸是植物生长中的重要激素，它通过刺激细胞分裂、生根和发育等多种功能活动，在植物生长中起着重要作用。在盆栽的底部观察到根系的发育，间作玉米根系在大豆根下方广泛分布，占据着较大的土壤空间容量，这表明在土壤基质中存在一个重要的间作效应。

通过整合 AMF 提高粮食产量是未来农业可持续发展的重要战略。与对照相比，30 kg·P·ha^{-1}下接种的植株（AM 和 AMB）增加了穗粒数[图 8.2（e）]和籽粒产量[图 8.2（f）]。接种 AM 和 AMB 的间作玉米获得了最高的产量，而单独接种两个细菌菌株并不能提高籽粒产量。

8.2.3 植株磷吸收和接种反应率

AMF 接种广泛应用于促进土壤磷素的有效性和作物的磷吸收。然而，还没有研究利用 AMF 与其严格伴生细菌之间的相互作用来评估它们对间作系统中植物磷吸收的贡献。大多数研究要么研究间作系统对磷营养的影响，要么研究根际细菌或 AMF 对磷吸收的影响。本书研究利用盆栽控制试验模拟探究了玉米大豆间作系统中接种 AMF 及其关联细菌对土壤磷素有效性和玉米磷吸收的影响。

从移栽后 15 天开始监测地上部植株磷积累量（图 8.3）。接种植株对地上部磷的吸收最初与未接种植株相似，然而，随着生长日数的延长，与未接种植株相比，在减少磷施用量（12 和 30 kg·P·ha^{-1}）的情况下，接种处理的植株对磷的吸收量急剧增加[图 8.3（a）、(b)]。

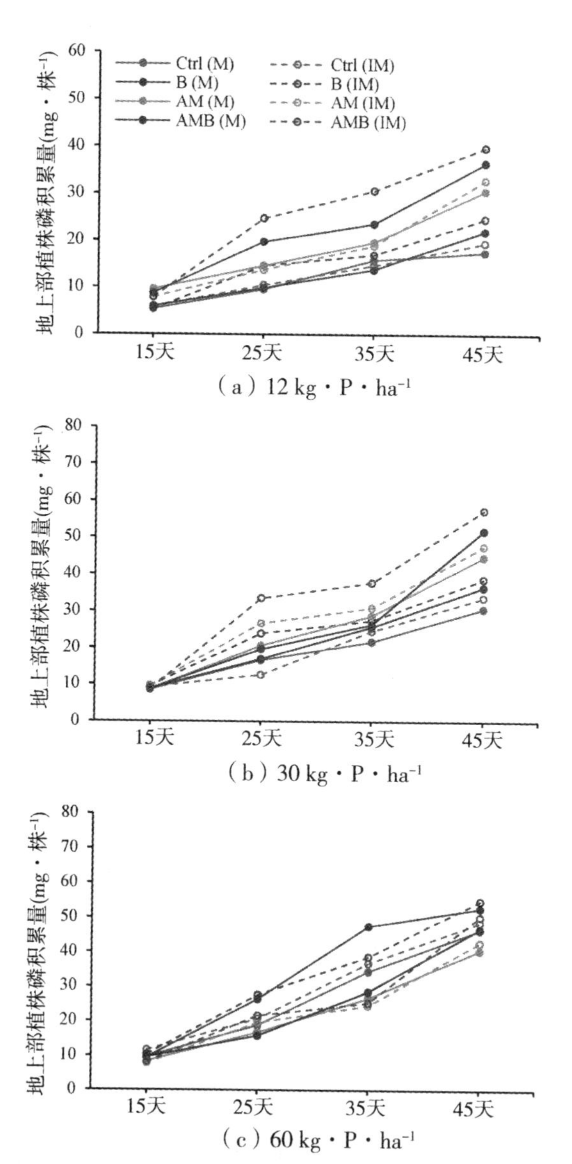

(a) 12 kg·P·ha^{-1}

(b) 30 kg·P·ha^{-1}

(c) 60 kg·P·ha^{-1}

图 8.3　不同种植模式及施磷水平下接种菌根真菌和关联细菌对地上部植株磷积累量的影响

收获期，无论是单作模式还是间作模式，在减少施磷量（12 和 30 kg·P·ha^{-1}）的条件下，接种 AM 和 AMB 的玉米地上部和根系吸磷量[图 8.4 (a)、(b)] 均显著高于 Ctrl 和 B 处理。30 kg·P·ha^{-1}施磷量下，接种 AM 和 AMB 的间作玉米地上部吸磷量最高。接种 AM 和 AMB 的间作玉米在 30 kg·P·ha^{-1}施磷量下的植株地上部吸磷量比 60 kg·P·ha^{-1}施磷量下分别增加 8.14%和 8.25% [图 8.4 (a)]。在 60 kg·P·ha^{-1}下，接种和未接种处理间的玉米根系吸磷量无显著差异，而在减量施磷（12 和 30 kg·P·ha^{-1}）条件下接种 AM 和 AMB 的玉米根系吸磷量显著高于 Ctrl 和 B 处理［图 8.4（b）］。本书研究中，在 30 kg·P·ha^{-1}施磷量下，间作玉米接种 AM 和 AMB 获得了最高的磷肥利用率（约为 77.5%），与未接种处理（Ctrl）相比提高了 30 个百分点［图 8.4（c）］。

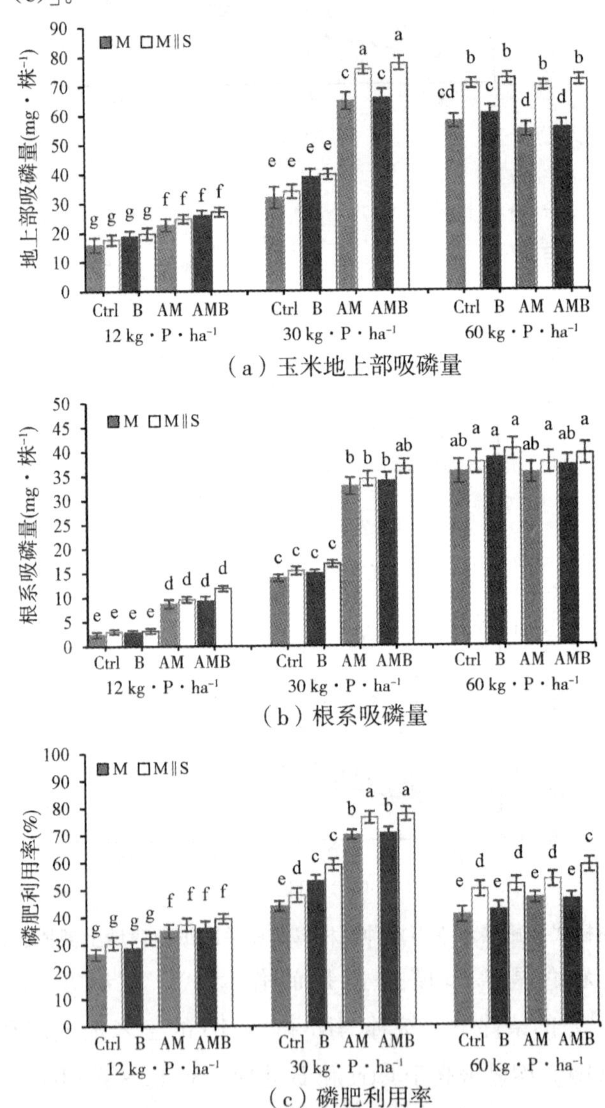

图 8.4　不同种植模式及施磷水平下接种菌根真菌和关联细菌对玉米磷素利用的影响

注：不同字母标记的平均值在 $P<0.05$ 水平差异显著。

30 kg・P・ha^{-1}施磷量下，接种 AM 或 AMB 的玉米获得了最高的地上部干重、籽粒产量和地上部吸磷量的 *IR*［图 8.5（a)、(b)、(c)］。从籽粒产量和地上部吸磷量的 IR 值来看，低量施磷情况下（12 kg・P・ha^{-1}），接种效果依次为 AMB>AM>B［图 8.5（b)、(c)］，而高磷情况下（60 kg・P・ha^{-1}），各接种处理间差异不显著。除 12 kg・P・ha^{-1}施磷量下单独接种两个细菌菌株的植株（B）处理外，其余处理植株地上部干重的 *IR* 值均在 1 以上。相反，在 60 kg・P・ha^{-1}施磷量下，除了单独接种细菌菌株（B）处理外，其余处理植株地上部吸磷量的 *IR* 值均在 1 以下。单独接种细菌菌株（B）的玉米在 12 和 30 kg・P・ha^{-1}施磷量下的籽粒产量的 *IR* 值低于 1。关于种植模式，间作模式只在 60 kg・P・ha^{-1}施磷量下接种 AM 和 AMB 的玉米增加了地上部干重的 *IR* 值，而其他磷素水平下间作模式和单作模式无显著影响。

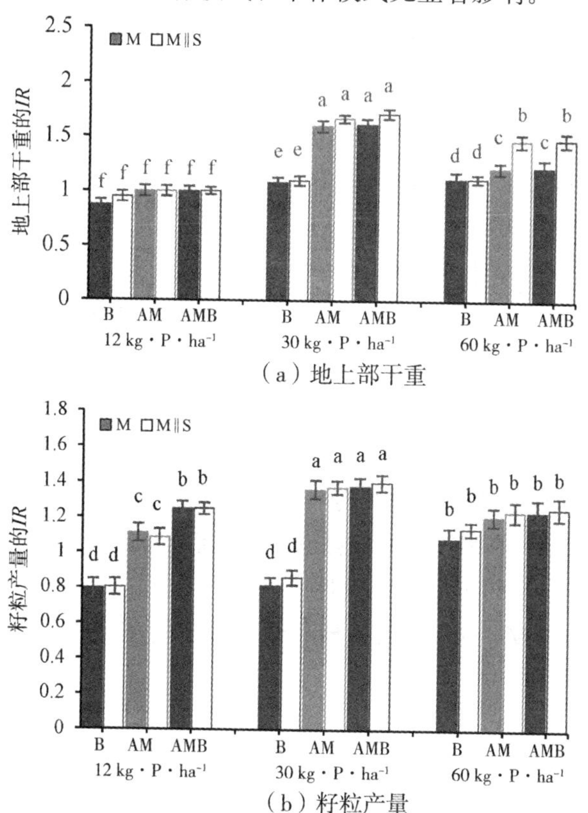

图 8.5　不同种植模式及施磷水平下接种菌根真菌和关联细菌对玉米 *IR* 的影响

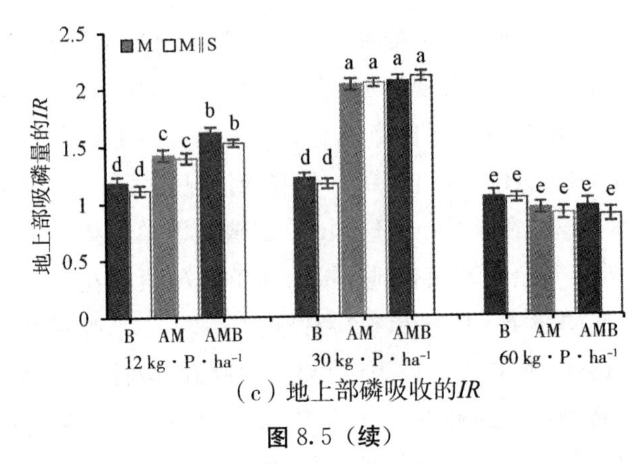

(c) 地上部磷吸收的IR

图 8.5 **(续)**

注：不同字母标记的平均值在 $P<0.05$ 水平差异显著。

8.2.4 土壤全磷、有效磷和无机磷组分

在本盆栽试验中，土壤全磷含量在 108～345 mg・kg^{-1}之间变动[图 8.6 (a)]。60 kg・P・ha^{-1}施磷量下土壤全磷含量最高，与之相比，12 kg・P・ha^{-1}和 30 kg・P・ha^{-1}下的土壤全磷含量平均值分别低至约 1/3 和 1/2 [图 8.6 (a)]。接种 AM 和 AMB 的土壤在 30 和 12 kg・P・ha^{-1}施磷量下的全磷含量均比 Ctrl 和 B 显著降低，但在 60 kg・P・ha^{-1}施磷量下各处理土壤全磷含量差异不显著。30 kg・P・ha^{-1}施磷量下，接种 AM 和 AMB 的土壤全磷含量分别比对照降低了 20.7%和 21.8%，12 kg・P・ha^{-1}施磷量下分别降低了 7.78%和 11.2%。土壤接种菌剂可能有助于通过微生物的分泌物(如有机酸、铁载体、溶磷化合物等）的酸化、螯合作用来减少土壤中磷的固定。本书研究表明，在减少 50%的施磷量的情况下，联合接种菌根真菌及其伴生细菌保持了较高的土壤磷有效性 [图 8.6 (b)]。30 kg・P・ha^{-1}施磷量下，接种 AM 和 AMB 的土壤有效磷含量分别比对照增加了 70.3%和 73.2% [图 8.6 (b)]。

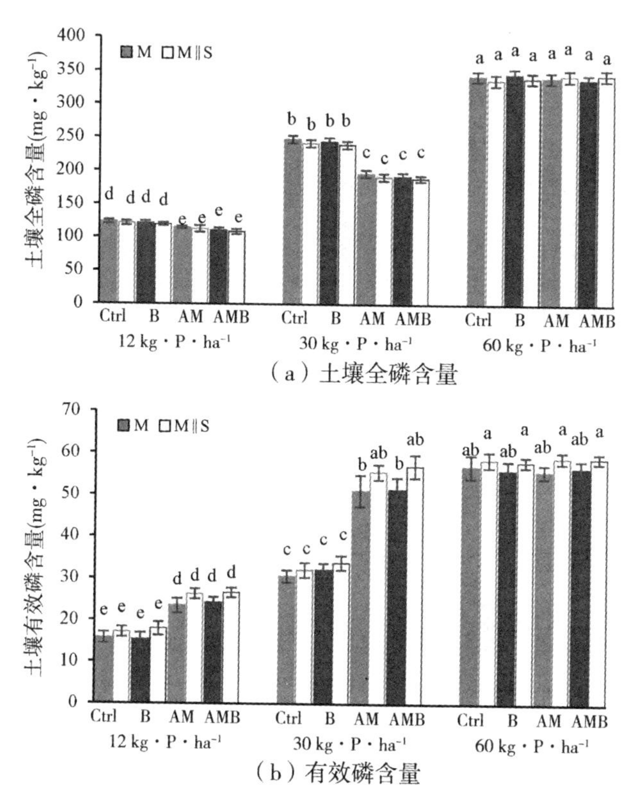

（a）土壤全磷含量

（b）有效磷含量

图 8.6　不同种植模式及施磷水平下接种菌根真菌和关联细菌对土壤全磷和有效磷含量的影响

无机磷组分中，Al—Pi、Fe—Pi 和 Ca—Pi 是土壤中对植物有效性较差的三种无机磷组分。本书研究中，30 kg·P·ha^{-1}施磷量下，接种 AM 和 AMB 的处理显著降低了土壤中 Al—Pi、Ca—Pi 和 Fe—Pi 含量，表明单独接种菌根真菌或是与关联细菌联合接种具有较好的磷活化效应［图 8.7（b）、(d)、(e)］。与对照组（Ctrl）相比，AM 和 AMB 处理下的 Al—Pi 分别降低了 30.3%和 36.4%，Ca—Pi 分别降低了 44.5%和 45.1%，Fe—Pi 分别降低了 39.7%和 43.6%，说明接种微生物活化了土壤难溶无机磷组分。NH_4Cl 浸提的可溶性和松散结合的磷及 $NaHCO_3$ 浸提的冗余的可溶性 Pi 也表现出相似的趋势［图 8.7（a)、(c)］。这些磷组分的矿化无疑有利于土壤速效磷的提高，与 30 kg·P·ha^{-1}施磷量下接种 AM 和 AMB 处理下土壤有效磷含量高［图 8.6（b)］的结果相一致。土壤磷素有效性的提高的部分原因是 AMF 刺激细菌细胞外磷酸酶活性和有机阴离子的增加。几种植物促生细菌（包括芽孢杆菌和根瘤菌）已被证明通过产生植酸酶/磷酸酶来水解有机磷及分泌有机阴离子（如葡萄糖酸）来螯合磷酸盐中的阳离子，进而活化土壤难溶性磷。

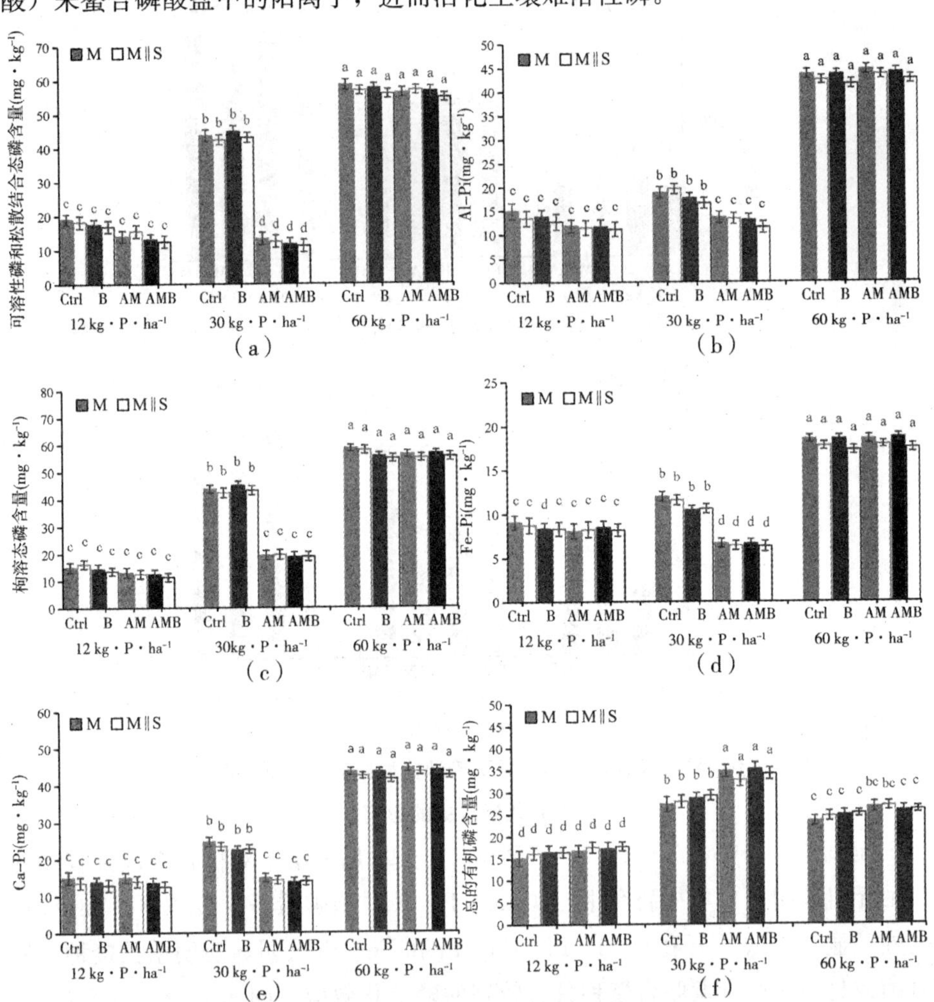

图 8.7　不同种植模式及施磷水平下接种菌根真菌和关联细菌对土壤磷组分的影响

8.3　本章小结

不规则噬根菌（*Rhizophagus irregularis*）定殖的根系能够促进植物的发育，链霉菌（*Streptomyces* sp）和巨大芽孢杆菌（*Bacillus megaterium*）两种细菌菌株辅助 AMF 的生长并促进了根系生长和磷吸收。微生物菌剂与磷肥配合施用，提高了间作模式下玉米的产量。微生物接种活化了土壤中难溶态无机磷组分 Al—Pi、Ca—Pi 和 Fe—Pi。AMF 和 PGPB 菌剂与适量磷肥协同施用，能在玉米生长季提供足够的磷素营养，在不影响作物产量的情况下，可使玉米—大豆间作系统的磷肥用量减少 50%，减少土壤磷素积累。然而，必须注意生长条件，本书研究的盆栽试验条件不能代表田间情况，关于菌根真菌和关联细菌在田间尺度下对土壤磷活化效果需要进一步研究。

参考文献

Asif K，Guoyan L，Muhammed A，et al. Phosphorus efficiency，soil phosphorus dynamics and critical phosphorus level under long-term fertilization for single and double cropping systems [J]. Agriculture，Ecosystems & Environment，2018，256：1—11.

Awual M R. Efficient phosphate removal from water for controlling eutrophication using novel composite adsorbent [J]. Journal of Cleaner Production，2019，228：1311—1319.

Bai Z H，Li H G，Yang X Y，et al. The critical soil P levels for crop yield，soil fertility and environmental safety in different soil types [J]. Plant and Soil，2013，372：27—37.

Bargaz A，Noyce G L，Fulthorpe R，et al. Species interactions enhance root allocation，microbial diversity and P acquisition in intercropped wheat and soybean under P deficiency [J]. Applied Soil Ecology，2017，120：179—188.

Battini F，Cristani C，Giovannetti M，et al. Multifunctionality and diversity of culturable bacterial communities strictly associated with spores of the plant beneficial symbiont Rhizophagus intraradices [J]. Microbiological Research，2016，183：68—79.

Betencourt E，Duputel M，Colomb B，et al. Intercropping promotes the ability of durum wheat and chickpea to increase rhizosphere phosphorus availability in a low P soil [J]. Soil Biology and Biochemistry，2012，46：181—190.

Bowman R A，Cole C V. An exploratory method for fractionation of organic phosphorus from grassland [J]. Soil Science, 1978, 125(2): 95-101.

Buyer J S, Teasdale J R, Roberts D P, et al. Factors affecting soil microbial community structure in tomato cropping systems [J]. Soil Biology Biochemistry, 2010, 42 (5): 831-841.

Chang S C, Jackson M L. Fractionation of soil phosphorus [J]. Soil Science, 1957, 84 (84): 133-144.

Chawngthu L, Hnamte R, Lalfakzuala R. Isolation and characterization of rhizospheric phosphate solubilizing bacteria from wetland paddy field of Mizoram, India [J]. Geomicrobiology Journal, 2020, 37: 366-375.

Cross A F, Schlesinger W H. A literature review and evaluation of the Hedley fractionation: Applications to the biogeochemical cycle of soil phosphorus in natural ecosystems [J]. Geoderma, 1995, 64: 197-214.

Darch T, Giles C D, Blackwell M S A, et al. Inter and intra-species intercropping of barley cultivars and legume species, as affected by soil phosphorus availability [J]. Plant and Soil, 2017, 427: 125-138.

Elhaissoufi W, Khourchi S, Ibnyasser A, et al. Phosphate solubilizing rhizobacteria could have a stronger influence on wheat root traits and aboveground physiology than rhizosphere P solubilization [J]. Frontiers in Plant Science, 2020, 11: 979 .

Gao Y, Duan A W, Qiu X Q, et al. Distribution of roots and root length density in a maize/soybean strip intercropping system [J]. Agricultural Water Management, 2010, 98 (1): 100-212.

Girmay K. Phosphate solubilizing microorganisms: Promising approach as biofertilizers [J]. International Journal of Agronomy, 2019, 11: 256-263.

Gordon S A, Weber R P. Colorimetric estimation of indole acetic acid [J]. Plant Physiology, 1951, 26: 192-195.

Guppy C N, Menzies N W, Moody P W, et al. A simplified, sequential, phosphorus fractionation method [J]. Communications in Soil Science & Plant Analysis, 2000, 31: 1981-1991.

Gupta R, Singal R, Shankar A, et al. A modified plate assay for screening phosphate solubilizing microorganisms [J]. Journal of General and Applied Microbiology, 1994, 40: 255—260.

Hedley M J, Stewart J, Chauhan B S. Changes in inorganic and organic soil phosphorus fractions induced by cultivation practices and by laboratory incubations [J]. Soil Science Society of America Journal, 1982, 46 (5): 970—976.

Hu L F, Robert C A M, Selma C, et al. Root exudate metabolites drive plant-soil feedbacks on growth and defense by shaping the rhizosphere microbiota [J]. Nature Communications, 2018, 9: 2738—2746.

Ismail I M I, Almeelbi T, Mujawar LH, et al. Bacteria and fungi can contribute to nutrients bioavailability and aggregate formation in degraded soils [J]. Microbiological Research, 2016, 183: 26—41.

Kloepper J W, Leong J, Teintze M, et al. Enhanced plant-growth by siderophores roduced by plant growth-promoing rhizobacteria [J]. Nature, 1980, 286 (57): 885—886.

Krishnapriya V, Pandey R. Root exudation index: Screening organic acid exudation and phosphorus acquisition efficiency in soybean genotypes [J]. Crop and Pasture Science, 2016, 67: 1096—1109.

Lan S F, Odum H T, Liu X M. Energy flow and emergy analysis of the agroecosystems of China [J]. Ecologic Science, 1998, 17 (1): 32—39.

Li H G, Shen J B, Zhang F S, et al. Phosphorus uptake and rhizosphere properties of intercropped and monocropped maize, faba bean, and white lupin in acidic soil [J]. Biology and Fertility of Soils, 2010, 46 (2): 79—91.

Li L, David T, Hans L, et al. Plant diversity and over yielding: insights from below ground facilitation of intercropping in agriculture [J]. New Phytologist, 2014, 203 (1): 63—69.

Li S M, Li L, Zhang F S, et al. Acid phosphatase role in chickpea/maize intercropping [J]. Annals of Botany, 2004, 94 (2): 297—303.

Liu X, Rahman T, Song C, et al. Relationships among light distribution, radiation use efficiency and land equivalent ratio in maize-soybean strip intercropping [J]. Field Crops Research, 2018, 224: 91—101.

Liu Z, Li Y C, Zhang S, et al. Characterization of phosphate-solubilizing bacteria isolated from calcareous soils [J]. Applied Soil Ecology, 2015, 96: 217—224 .

Ma W, Ma L, Li J, et al. Phosphorus flows and use efficiencies in production and consumption of wheat, rice, and maize in China [J]. Chemosphere, 2011, 84 (6): 814—821.

Murphy J, Riley J R. A modified single solution method for the determination of phosphate in natural waters [J]. Analytica Chimica Acta, 1962, 27: 31—36.

Nyoki D, Ndakidemi P A. Rhizobium, inoculation reduces P and K fertilization requirement in corn-soybean intercropping [J]. Rhizosphere, 2018, 5: 51—56.

Oburger E, Jones D L, Wenzel W W. Phosphorus saturation and pH differentially regulate the efficiency of organic acid anion-mediated P solubilization mechanisms in soil [J]. Plant and Soil, 2011, 341: 363—382.

Odum H T. Energy systems concepts and self-organization: A rebuttal [J]. Oecologia, 1995, 104 (4): 518—522.

Pereira S I A, Castro P M L. Phosphate-solubilizing rhizobacteria enhance Zea mays growth in agricultural P-deficient soils [J]. Ecological Engineering, 2014, 73: 526—535.

Sawers R J, Svane S F, Quan C, et al. Phosphorus acquisition efficiency in arbuscular mycorrhizal maize is correlated with the abundance of root-external hyphae and the accumulation of transcripts encoding PHT1 phosphate transporters [J]. New Phytologist, 2017, 214: 632—643.

Shin S H, Lim Y, Lee S E, et al. CAS agar diffusion assay for the measurement of siderophores in biological fluids [J]. Journal of Microbiological Methods, 2001, 44: 89—95.

Song C, Han X, Wang E, et al. Phosphorus budget and organic phosphorus fractions in response to long-term applications of chemical fertilisers and pig manure in a Mollisol [J]. Soil Research, 2011, 49: 253—260.

Song C, Sarpong C K, Zhang X, et al. Mycorrhizosphere bacteria and plant-plant interactions facilitate maize P acquisition in an intercropping system [J]. Journal of Cleaner Production, 2021, 12: 79—93.

Song C, Wang Q, Zhang X, et al. Crop productivity and nutrients recovery in maize-soybean additive relay intercropping systems under subtropical regions in Southwest China [J]. International Journal of Plant Production, 2020, 14: 373—387.

Sun B, Gao Y, Wu X, et al. The relative contributions of pH, organic anions, and phosphatase to rhizosphere soil phosphorus mobilization and crop phosphorus uptake in maize/alfalfa polyculture [J]. Plant Soil, 2019, 9: 1—17.

Tang X, Bernard L, Brauman A, et al. Increase in microbial biomass and phosphorus availability in the rhizosphere of intercropped cereal and legumes under field conditions [J]. Soil Biology & Biochemistry, 2014, 75: 86—93.

Wang W, Shi J, Xie Q, et al. Nutrient exchange and regulation in arbuscular mycorrhizal symbiosis [J]. Molecular Plant, 2017, 10: 1147—1158.

Wang X, Deng X, Pu T, et al. Contribution of interspecific interactions and phosphorus application to increasing soil phosphorus availability in relay intercropping systems [J]. Field Crops Research, 2017, 204: 12—22.

Xia H Y, Wang Z G, Zhao J H, et al. Contribution of interspecific interactions and phosphorus application to sustainable and productive intercropping systems [J]. Field Crops Research, 2013, 154: 53—64

Yang F, Liao D, Wu X, et al. Effect of aboveground and belowground interactions on the intercrop yields in maize-soybean relay intercropping systems [J]. Field Crops Research, 2017, 203: 16—23.

Zhang D S, Lu Y, Li H B, et al. Neighbouring plants modify maize root foraging for phosphorus: Coupling nutrients and neighbours for improved nutrient-use efficiency [J]. New Phytologist, 2020, 226: 244—253.

Zhang F S, Cui Z L, Chen X P, et al. Integrated nutrient management for food security and environmental quality in China [J]. Advances in Agronomy, 2012, 116: 1—4.

Zhang S，Lehmann A，Zheng W，et al. Arbuscular mycorrhizal fungi increase grain yields：A meta-analysis [J]. New Phytologist，2019，222：543－555.

Zhou L L，Cao J，Zhang F S，et. al. Rhizosphere acidification of faba bean，soybean and maize [J]. Science of the Total Environment，2009，407 (14)：4356－4362.

鲍士旦. 土壤农化分析 [M]. 3版. 北京：中国农业出版社，2000.

高俊凤. 植物生理学实验指导 [M]. 北京：高等教育出版社，2006.

龚蓉，刘强，荣湘民，等. 南方丘陵区旱地减磷对玉米产量及磷径流损失的影响[J]. 湖南农业科学，2014 (20)：18－20.

顾益初，蒋柏藩. 石灰性土壤无机磷分级的测定方法[J]. 土壤，1990，22 (2)：101－110.

关松荫. 土壤酶及其研究法 [M]. 北京：中国农业出版社，1983.

林先贵. 土壤微生物研究原理与方法 [M]. 北京：高等教育出版社，2010.

刘小明，雍太文，廖敦平，等. 不同种植模式下根系分泌物对玉米生长及产量的影响[J]. 作物杂志，2012 (2)：84－88.

鲁如坤. 土壤农业化学分析方法 [M]. 北京：中国农业科技出版社，2000.

毛璐，宋春，徐敏，等. 栽培模式及施肥对玉米和大豆根际土壤磷素有效性的影响[J]. 中国生态农业学报，2015，23 (12)：1502－1510.

毛璐. 玉米—大豆套作模式下根际土壤磷有效性研究 [D]. 雅安：四川农业大学，2016.

沈萍，范秀容，李广武. 微生物学实验 [M]. 3版. 北京：高等教育出版社，1999.

石春芳，王志勇，冷小云，等. 土壤磷酸酶活性测定方法的改进[J]. 实验技术与管理，2016，33 (7)：48.

宋春，毛璐，徐敏，等. 玉米—大豆套作体系作物根际土壤磷素形态及有效性[J]. 水土保持学报，2015，29 (5)：226－230.

宋春，徐敏，赵伟，等. 不同土地利用方式下紫色土磷有效性及其影响因素研究[J]. 水土保持报，2015，29 (6)：85－89，95.

王彦，张进忠，王珍华，等. 四川盆地丘陵区农田土壤对磷的吸附与解吸特征[J]. 农业环境科学学报，2011，20 (10)：2068－2074.

肖霞，毛璐，宋春，等. 玉米—大豆套作体系作物磷素吸收利用[J]. 四川农业大学学报，2015，33 (2)：119－125.

徐敏，宋春，戴炜，等. 紫色丘陵区玉米—大豆套作系统土壤磷吸附—解吸动力学[J]. 应用生态学报，2015，26 (7)：1985－1991.

徐敏. 玉米—大豆套作系统物质流动及能值效益分析 [D]. 雅安：四川农业大学，2016.

雍太文，杨文钰，向达兵，等. 小麦—玉米—大豆和小麦—玉米—甘薯套作对根际土壤细菌群落多样性及植株氮素吸收的影响[J]. 作物学报，2012，3 (2)：333－343.

赵伟，宋春，周攀，等. 施磷量与施磷深度对玉米—大豆套作系统磷素利用率及磷流失风险的影响简[J]. 应用生态学报，2018，29 (4)：1205－1214.

赵伟. 减量施磷条件下玉米—大豆套作系统土壤磷素利用与磷流失研究 [D]. 雅安：四川农业大学，2018.